EXTRAIT

DES

ANNALES DE LA SOCIÉTÉ SÉRICICOLE.

MUSCARDINE.

MISSION

CONFIÉE PAR M. CUNIN-GRIDAINE,

MINISTRE DE L'AGRICULTURE ET DU COMMERCE,

A M. GUÉRIN-MÉNEVILLE.

TABLE DES MATIÈRES.

(IV)

MUSCARDINE.

MISSION
CONFIÉE PAR M. CUNIN-GRIDAINE,
MINISTRE DE L'AGRICULTURE ET DU COMMERCE,

A M. GUÉRIN-MÉNEVILLE.

NOTE

DE M. DE BOULLENOIS,
SECRÉTAIRE DE LA SOCIÉTÉ SÉRICICOLE.

L'industrie de la soie a reçu, depuis quelques années, de grands développements en France. Beaucoup de cultivateurs éclairés, d'industriels habiles lui ont donné une impulsion qui, puissamment secondée par le gouvernement et les sociétés agricoles, en a changé, pour ainsi dire, les conditions. A des méthodes souvent arriérées ou même empiriques ont succédé des méthodes plus rationnelles. Quelques départements du Midi avaient seuls le privilége de cultiver le mûrier et d'élever les vers à soie; aujourd'hui on cherche à acclimater cette précieuse industrie dans plus des deux tiers des départements du royaume, et sur un grand nombre de points on a déjà obtenu d'importants résultats. Mais, quels que soient les efforts tentés et les progrès accomplis, il se présente toujours un obstacle naturel immense : c'est la muscardine, cette maladie étrange, ce fléau épouvantable qui continue à ravager nos magnaneries. Chaque saison, les éleveurs du Midi (1) se voient enlever par là peut-être le

---

(1) Nous disons les éleveurs du Midi, car, heureusement, jusqu'à présent, cette maladie est inconnue dans le centre et le nord de la France;

tiers des produits; c'est une perte pour la France de plus de 50 millions par an.

Il est facile dès lors de concevoir tout l'intérêt qui s'attache à la mission confiée par M. le ministre de l'agriculture et du commerce à l'un de nos entomologistes les plus distingués, M. Guérin-Méneville, dans le but d'étudier et de combattre cette terrible maladie. M. Guérin-Méneville, professeur de zoologie appliquée à l'industrie et à l'agriculture, membre de la Société royale et centrale d'agriculture et de presque toutes les autres sociétés savantes, nationales et étrangères, est connu depuis longtemps déjà par les plus utiles travaux et les plus heureuses applications de l'entomologie à l'agriculture; c'est un observateur éclairé, persévérant, infatigable, qui possède, en outre, le précieux avantage de rendre ses observations accessibles à tous par des dessins aussi fidèles qu'élégants; jamais mission n'a été placée entre des mains plus sûres et plus habiles.

On se rappelle les vœux émis, au sujet de cette mission, sur la proposition de M. le marquis de Jessé-Charleval, par le congrès scientifique de Marseille, qui, du reste, ne faisait que reproduire ce qui avait été souvent demandé par les différentes sociétés d'agriculture des pays séricicoles, par divers conseils généraux et par près de trente députés des départements méridionaux. En se rendant à ces vœux et en prenant ainsi l'initiative de recherches difficiles, qui demandent plusieurs années d'études et des expériences répétées, M. Cunin-Gridaine a donné un nouveau témoignage de sa bienveillance éclairée pour l'industrie de la soie, à laquelle son ministère n'a cessé d'accorder les plus utiles encouragements.

---

peut-être même est-il impossible au cryptogame muscardinique de fructifier sous cette latitude : les efforts faits inutilement aux Bergeries de Senart pour propager la muscardine avec des muscardins trouvés dans les litières portent à le croire.

On avait indiqué comme un des points les plus favorables pour les expériences les contrées qui s'étendent autour de Sainte-Tulle et de Manosque, dans le département des Basses-Alpes.

D'abord, ce pays se trouve au centre de trois de nos départements les plus séricicoles, les départements de Vaucluse, du Var et des Bouches-du-Rhône; ensuite il a le triste privilége d'être tous les ans, épouvantablement ravagé par la muscardine; d'un autre côté, situé au pied des Alpes, dans la riche et belle vallée de la Durance, il offre les positions les plus variées, tant pour les plantations de mûriers que pour les magnaneries : ainsi il y a des parties marécageuses, des collines, des plateaux élevés, des montagnes, et partout l'on cultive le mûrier et l'on élève des vers à soie. Ces variétés de localités sont précieuses pour les études et les observations de l'expérimentateur.

Mais la considération la plus importante, c'était que Sainte-Tulle est le siége des établissements de l'un des plus habiles et des plus intelligents agriculteurs et sériciculteurs du Midi, M. Eugène Robert, et que M. Robert, avec ce zèle et ce dévouement passionné pour l'industrie de la soie qui le caractérisent et ont rendu son nom si populaire, mettait ses plantations, ses éducations, ses ateliers, sa maison même à la disposition de M. Guérin-Méneville, et offrait de l'aider de tous ses efforts et de tout son pouvoir : cette offre a été acceptée avec la même franchise et le même empressement qu'elle était faite.

Rien ne pouvait être plus utile qu'une pareille association : en effet, la plupart des praticiens ne peuvent réunir cette habitude d'observation, cette persévérance de recherches, cette connaissance des auteurs qui sont, en général, le partage de la science, et que les savants n'acquièrent que par de nombreuses années d'études exclusives; d'un autre côté, si les savants ne travaillent que dans le cabinet, ils restent trop éloignés des grands faits pratiques et industriels.

On a compris, enfin, que la marche suivie jusqu'à présent était défectueuse, et que, pour la muscardine notamment, le seul terrain où l'on pouvait espérer de l'étudier et de la combattre avec succès était le terrain même des éducations, au milieu de vastes ateliers, en éclairant tour à tour la pratique par la science et la science par la pratique. C'est une voie nouvelle et féconde ouverte au progrès, et les observations, remplies d'intérêt, faites dès la première année par MM. Guérin-Méneville et Eugène Robert viennent déjà en témoigner hautement.

Ce n'était pas en une seule saison qu'une question aussi importante que celle de la muscardine pouvait être décidée et jugée; mais, du moins, les bases des opérations ont été admirablement jetées, la nature du mal parfaitement définie et tous les doutes qui pouvaient encore exister à cet égard entièrement dissipés. Quant aux moyens de combattre avec succès le fléau, MM. Guérin-Méneville et Eugène Robert ne pouvaient, en aussi peu de temps, prendre, pour ainsi dire, que quelques aperçus. On ne peut prévoir ce que les études ultérieures amèneront; mais ce dont on peut être assuré dès à présent, c'est que rien de tout ce qui est humainement possible pour éclairer la question ne sera négligé, et que toutes les expériences seront conduites avec ce zèle, cette persévérance et cette habileté qui sont déjà la moitié du succès.

En attendant, la Société séricicole, pénétrée de l'importance de donner aux travaux de MM. Guérin-Méneville et Eugène Robert la plus grande et la plus prompte publicité possible, s'est empressée d'offrir, à cet égard, ses services à M. le ministre de l'agriculture et du commerce.

M. le ministre a bien voulu autoriser la Société à s'occuper immédiatement de la publication de cette première série d'expériences (1).

---

(1) Voir les pièces à l'appui, à la fin de cet opuscule.

PREMIÈRE SÉRIE D'EXPÉRIENCES

SUR LA MUSCARDINE

FAITES PAR

MM. GUÉRIN - MÉNEVILLE ET EUGÈNE ROBERT

A SAINTE-TULLE, PRÈS MANOSQUE (BASSES-ALPES),
1847 (1).

La muscardine ou, comme l'appellent les Italiens , *cal-cino*, *mal del segno*, etc., se présente tantôt de la manière la plus insidieuse dans les éducations de vers à soie, tantôt de la manière la plus rapide et la plus violente.

Quelquefois l'éducation est seulement décimée, souvent elle est complétement annulée au moment de la montée des vers, c'est-à-dire au moment où toutes les dépenses ont été faites par l'éducateur pour obtenir sa récolte, qui est la juste récompense de tant de sacrifices et de soins. D'autres fois le ver, atteint tardivement par le fléau, laisse son œuvre incomplète et ne donne qu'un produit d'une qualité extrêmement inférieure ; mais le plus grand inconvénient encore est celui qui provient de l'infection de l'atelier, muscardiné pour les années suivantes, infection qui ne cesse de s'accroître et qui, au bout de quelques saisons, a acquis une intensité telle que toute éducation de vers à soie y devient à peu près impossible, et que le propriétaire se trouve contraint à abandonner des constructions faites souvent à grands frais et qui ne peuvent être que très-imparfaitement

---

(1) Extrait d'un rapport à M. le ministre de l'agriculture et du commerce.

(6)

employées à d'autres usages (1). Quels moyens d'échapper à un pareil fléau, dont on ne reconnaît, pour ainsi dire, l'existence dans l'atelier que par les coups qu'il vient de frapper (2)?

Beaucoup de travaux et de tentatives ont eu lieu à cet égard ; mais quoi de plus opposé et souvent de plus contradictoire que les résultats obtenus ou les conclusions émises? Malgré l'autorité de noms comme ceux de MM. Bassi, Balsamo, Audouin, Bonafous, Montagne, etc., les sériculteurs n'étaient pas d'accord sur la nature du mal, quelques personnes niaient même encore l'existence du funeste cryptogame.

Ce serait un immense service rendu à l'industrie de la soie et au pays que de porter quelque lumière dans cette confusion; quant à nous, nous nous estimerions heureux si, à force de travail et d'études persévérantes, nous pouvions y parvenir.

Du reste, les sociétés d'agriculture des pays séricicoles,

---

(1) C'est là un grand tort des constructions, et la Société séricicole, depuis dix ans, n'a cessé d'engager les éducateurs à disposer leurs magnaneries de manière à les utiliser le reste de l'année soit comme greniers, soit comme orangeries ou serres.

(Note de la rédaction des Annales.)

(2) L'expérience, comme la théorie, démontre que cette terrible maladie ne peut qu'augmenter d'intensité, à mesure que les éducations prennent de plus grands accroissements; en effet, les vers à soie, comme tant d'animaux et de végétaux, sont soumis à cette grande loi de la nature qui veut que, lorsqu'un être, végétal ou animal, est protégé dans sa multiplication par des moyens artificiels et acquiert ainsi un développement anormal, d'autres êtres, destinés à limiter cet accroissement numérique, ne tardent pas à l'attaquer, afin qu'il ne puisse jamais dominer et rompre le juste équilibre qui garantit l'existence perpétuelle de toutes les espèces de la création.

C'est contre les effets incessants de cette grande loi que les agriculteurs sont obligés de lutter, de demander assistance à la science, qui peut seule leur faire connaître les circonstances dans lesquelles il leur est possible d'atténuer ces effets. (G. M.)

en France et à l'étranger, l'ont tellement compris, qu'un grand nombre d'entre elles ont fondé des prix pour encourager les recherches qui pourraient être entreprises à ce sujet; malheureusement, jusqu'à présent, ces efforts de bonne volonté ont été infructueux, parce que les moyens n'étaient pas en harmonie avec les difficultés à vaincre et les dépenses à faire. Au gouvernement seul appartenait une tâche si difficile et qui nécessitera des années d'études, des expériences coûteuses que des particuliers et même des sociétés savantes ne peuvent entreprendre.

Nous voulions faire précéder ce premier mémoire par un compte rendu détaillé et complet de tous les travaux qui ont été publiés sur la muscardine et sur les autres maladies des vers à soie par des savants et des éducateurs de divers pays ; mais ce travail, déjà commencé par l'un de nous, nécessitant de longues recherches bibliographiques faites à Paris et une foule de comparaisons et d'observations critiques, nous avons dû renoncer à le joindre, cette fois, au compte rendu de nos expériences, en nous réservant d'en faire le sujet d'un mémoire particulier.

Cependant nous croyons devoir donner ici une idée abrégée des principaux résultats scientifiques des observations qui ont été faites avant nous, pour qu'on ne nous accuse pas d'avoir cru découvrir des choses déjà connues. Nous avons revu beaucoup de faits observés par nos devanciers ; nous en avons observé de nouveaux et nous les avons constatés par le dessin; nous avons pu, dans quelques circonstances, aller au delà du point où ils en étaient restés, et nous nous sommes surtout attachés, en vue des besoins de l'application industrielle, à préciser avec le plus grand détail des faits seulement annoncés par nos prédécesseurs, ce qui donnera peut-être à notre travail, à ces premières expériences, un caractère particulier susceptible de les mettre plus à la portée de l'agriculture, en vue de laquelle toutes nos recherches ont été dirigées.

Configliacchi, Brugnatelli et surtout Bassi ont les premiers découvert la nature végétale de la muscardine, mais ils n'ont pas donné de détails suffisants sur son développement, détails qui peuvent seuls conduire à la découverte de moyens efficaces d'en préserver les vers à soie.

Balsamo a décrit le cryptogame et lui a donné le nom de *botrytis bassiana*.

Audouin a constaté que les thallus (ou tiges souterraines) de ce botrytis occupent le tissu graisseux des vers. Il a inoculé à des vers quelques sporules du botrytis et les a fait mourir ; il a constaté que ces mêmes sporules tuent d'autres insectes. Enfin le docteur Montagne a fait une étude botanique de ce végétal.

Quand nous avons fait nos observations sur le développement et les formes des diverses parties du cryptogame de la muscardine, nous ne connaissions pas l'excellent mémoire de ce savant, travail qu'il a lu à l'Académie des sciences le 16 août 1856, et dont il n'a été donné qu'un extrait, dans les comptes rendus de cette académie. En l'étudiant, avant de donner notre mémoire à l'impression, grâce à la complaisance de son auteur, qui a bien voulu nous montrer son manuscrit encore inédit, nous avons reconnu avec une grande satisfaction que ce que nous avons observé au sujet de ce végétal est conforme à ce que M. Montagne avait vu à cette époque. Une telle concordance ne peut que donner un grand poids à notre travail, car on sait que M. Montagne est le premier cryptogamiste de notre époque ; si nous avons vu comme lui, c'est que nous avons bien vu.

Sous le point de vue botanique, le mémoire de M. Montagne offre des détails du plus haut intérêt et que nous n'aurions même pas songé à chercher, car nous n'avions qu'un but, celui de connaître suffisamment le cryptogame nuisible aux vers à soie, pour être mis à même de chercher des moyens de préserver ces vers de ses atteintes. Comme M. Montagne va publier ce beau travail, nous pourrons profiler, pour nos recherches ultérieures, des excellentes observations qu'il contient.

Quant aux nombreux mémoires publiés avant et après ces travaux capitaux, ils n'ont rien changé à l'état de la science; ils ont été faits par des hommes pleins de zèle il est vrai, mais qui n'étaient pas habitués à l'observation d'objets si délicats ou qui, pour la plupart, étaient partis d'idées plus ou moins *ingénieuses* sans recourir à l'observation des faits; dès lors, ils sont arrivés à des conclusions sans solidité et ne reposant que sur des hypothèses.

Le présent travail est tout différent; il donne seulement des observations, il fait connaître les phases de l'existence du terrible cryptogame, et déjà, dès la première année de recherches, il donne la raison scientifique des bonnes méthodes d'éducation déjà introduites.

Suivant nous, la première chose à rechercher dans la série d'expériences qu'il nous était donné de faire, c'était la confirmation de ce qui avait été publié sur la nature de la muscardine, c'était la base de l'édifice. Voici ce que nous avons été amenés à constater à cet égard (1).

§ 1er.

De la nature de la muscardine (2).

Au moment de la mort des vers, l'œil le plus exercé a

---

(1) Tout ce que nous avons constaté et observé, pendant cette première campagne, a été vu et constaté par un grand nombre de sériciculteurs de la contrée, qui sont venus nous visiter, souvent de fort loin, ou qui suivaient nos travaux. M. le préfet des Basses-Alpes, M. le sous-préfet de l'arrondissement, les diverses autorités locales, beaucoup de personnes notables, et enfin tous les agriculteurs qui ont suivi le cours de sériciculture que M. Robert leur fait gratuitement depuis long-temps, applaudissaient à la sollicitude si éclairée du ministre qui avait ordonné de si utiles travaux.

(2) Dans ce travail tout agricole, nous n'avons pas cherché à étudier le

beaucoup de peine à les distinguer des vers vivants; eur coloration est tout à fait la même, ainsi que leur forme; ils conservent l'apparence de la santé la plus brillante. La mort même paraît si subite, que nous avons vu souvent des vers

---

système nerveux du ver à soie, la composition intime de ses tissus, des diverses parties du cryptogame muscardinique, etc. On a besoin, pour les applications de la science à l'agriculture et à l'industrie, de connaître suffisamment l'organisation des êtres et leur mode d'existence, mais seulement pour être conduit, par cette étude, à la découverte de moyens de destruction ou de multiplication de ces êtres, selon qu'ils nous nuisent ou nous sont utiles. Il en est de même pour nos travaux zoologiques, et nous ne devons employer l'anatomie interne, et par suite la physiologie, que comme des moyens, et non pousser ces recherches aux limites les plus minutieuses : aussi regardons-nous les travaux de notre célèbre collègue M. Léon Dufour comme des modèles qui ont plus contribué à l'avancement de la vraie zoologie que s'il s'était borné, comme il l'aurait pu si facilement, à l'étude très-minutieuse d'un appareil et des diverses formes qu'il affecte dans un groupe limité, comme plusieurs anatomistes le font actuellement.

Nous considérons certainement comme très-utiles les recherches des savants physiologistes qui donnent tout leur temps à ces travaux ; aussi admirons-nous la patience et le talent avec lesquels M. Stein, par exemple, a fait connaître les organes générateurs femelles des coléoptères ; mais nous croirions mal employer notre temps si nous dirigions nos recherches de zoologie appliquée dans cette voie : en effet, nous rendrions ainsi stériles les études que nous avons faites depuis longtemps sur la classification, les mœurs, l'histoire naturelle enfin des animaux articulés, et surtout sur les nombreux ouvrages qui ont été publiés par tant de naturalistes de tous les pays, connaissances que l'on ne peut acquérir que par un travail incessant, continué pendant de nombreuses années, et dont n'ont aucun besoin les savants qui se livrent aux travaux de physiologie, d'anatomie, et surtout d'études de l'organisation intime des diverses parties des animaux. Cette grande différence dans les qualités nécessaires pour que l'on soit apte à ces deux sortes d'étude explique comment il se fait que certains très-jeunes savants nationaux et étrangers peuvent se distinguer dès le début dans cette voie ; tandis qu'ils n'arriveraient pas de sitôt à des résultats satisfaisants en suivant l'autre. Du reste, à chacun son rôle; il est honorable pour tous. Quant à nous, il nous suffit d'employer l'anatomie et la physiologie, à l'exemple de nos illustres maîtres Cuvier, Latreille, Duméril, etc., pour arriver à des vérités zoologiques plus certaines, et surtout à des applications agricoles et industrielles susceptibles de donner à l'agriculture un caractère positif et scientifique, et de lui faire faire, par conséquent, des progrès plus rapides.   (G. M.)

montant sur la feuille que nous venions de leur donner commencer à la manger, s'arrêter tout à coup, et rester morts
sans avoir donné le moindre signe de souffrance. A l'aide du
puissant microscope (1) que M. le ministre de l'agriculture
avait bien voulu mettre à notre disposition, nous avons examiné un grand nombre de petits fragments du tissu graisseux de vers qui venaient de mourir ainsi, et nous avons
toujours reconnu, comme l'avaient constaté avant nous
MM. Bassi, Balsamo et Victor Audouin, une infinité de petites
racines (*thallus*) qui rampaient parmi les globules de cette
graisse. Ainsi, plus de doute possible pour nous sur ce point;
au moment même de la mort du ver, des racines ou, mieux,
des thallus existent dans le corps de l'insecte, et, évidemment, c'est le développement de ces racines qui est la cause
de sa mort.

Nous nous proposons, une autre année, de suivre le développement de ces racines depuis le moment où le ver est
atteint de la maladie jusqu'au moment de sa mort. Pour cela,
il nous faudra ouvrir un grand nombre de vers vivants, plusieurs fois par jour, et nous livrer à d'innombrables autop-
sies et observations microscopiques; c'est une longue série
d'études capables seules d'occuper pendant toute une saison.
Nous devrons aussi faire tout notre possible pour connaître
combien il faut de sporules muscardiniques pour faire périr
un ver; s'il périt plus promptement quand il en a reçu un
plus grand nombre, etc.; observations très-délicates et très-
difficiles.

Cette fois, nous ne nous sommes occupés qu'à suivre les
différentes phases des phénomènes qui se succèdent chez des
vers frappés de mort par la muscardine.

L'insecte devient d'abord d'une extrême mollesse; si on
le pique, il s'échappe de sa blessure le liquide jaune ordi-

____

(1) Ce microscope, construit par M. Charles Chevalier, grossit plus de
700 fois.

naire qui y paraît encore en assez grande abondance. Quelques heures plus tard, il n'en est plus ainsi; les liquides ont été absorbés par la végétation du cryptogame, qui a pris une grande énergie et qui se développe, pour ainsi dire, à vue d'œil. Le ver, ainsi privé de ses liquides, commence à durcir, à partir de son extrémité postérieure. Ce durcissement envahit peu à peu tout le corps, et on observe en même temps une coloration rosée qui devient d'autant plus intense que ce durcissement augmente. Au bout de douze à quinze heures, le durcissement et la coloration sont complets; cependant la végétation du cryptogame a continué dans l'intérieur du ver. Vues au microscope, ses racines, ou tiges souterraines, se sont considérablement étendues, ramifiées; elles ont envahi et comprimé les trachées (ou organes de la respiration des vers).

Ces racines, ou thallus, se présentent comme des filaments entre-croisés, ramifiés, et.l'extrémité de ces ramifications est terminée par un léger épaississement en forme de massue.

De 24 à 48 heures, selon la température et l'humidité, le cryptogame commence à se présenter aux orifices naturels du ver (bouche, stigmates, articulations, etc.); on voit alors de petites houppes blanches se montrer dans ces endroits. Peu à peu cette efflorescence légère envahit toute la peau de l'animal. A ce moment, le végétal est, si l'on peut s'exprimer ainsi, à l'état d'herbe. Vue au microscope, cette herbe présente une multitude de filaments blancs, allongés, souvent anastomosés , rampant sur la peau et y formant une sorte de réseau d'autant plus serré que le végétal avance plus en âge. Beaucoup de ces filaments s'élèvent verticalement, et, quand ils ne trouvent pas un appui, ils se courbent et retombent en forme d'anses. Quand ils sont près d'un poil ou d'une autre ramification, ils s'y accrochent comme de véritables plantes grimpantes. Dans cet état, les jeunes tiges ne présentent pas beaucoup de ramifications;

elles en ont seulement quelques commencements, à des distances irrégulières. Vues sous un fort grossissement, ces tiges paraissent simplement transparentes et tubulaires; elles s'accroissent avec une grande rapidité, et, de la 50° à la 60° heure, grâce à leur transparence, on aperçoit dans leur intérieur une foule de globules ascendants qui semblent être les premiers éléments de la fructification. Les ramifications dont nous avons parlé plus haut se multiplient, elles se renflent un peu, et l'on voit, à leur extrémité, d'abord un ou deux globules qui s'y présentent; bientôt il y en a un groupe; et enfin, de la 60° à la 140° heure au plus, à partir du moment de la mort du ver, ces globules se sont tellement multipliés, qu'on ne voit presque plus la tige qui les supporte et qui est devenue une immense grappe.

Tant que le végétal n'est pas arrivé à cet état, qui paraît être le moment de la maturité des graines ou sporules, ces graines ne se détachent pas de la grappe, qui, comme une plante non encore complétement mûre, conserve un peu d'humidité. Dès que ce reste d'humidité est dissipé, les sporules se détachent au moindre souffle et se répandent dans l'air au moindre choc comme une fumée légère. Jusque-là, c'est-à-dire jusqu'au moment de la maturité complète de la graine, tant que le cryptogame n'était qu'en herbe, ou à l'état, pour ainsi dire, de floraison, le cadavre du ver muscardiné ne blanchit pas les doigts; mais, dès que la graine est mûre, le ver laisse à la main qui l'a touché des taches blanches, comme le ferait de la craie, et ces taches blanches ne sont que des myriades de graines qui se sont détachées au contact.

Ces graines ou sporules, d'un blanc de neige, vues au microscope, sont parfaitement sphériques, et elles sont d'une petitesse telle, qu'il faut le diamètre d'environ cinq d'entre elles pour occuper, sur le micromètre, l'espace d'un centième de millimètre, en sorte que leur diamètre est à peine d'un cinq-centième de millimètre.

§ 2.

De la contagion de la muscardine par le toucher, pour les vers à soie.

Nos expériences ont dû porter ensuite sur le degré de contagion de la muscardine.

Nous nous sommes convaincus que cette contagion n'était possible que quand la graine du cryptogame était parfaitement mûre.

A l'œil nu, un muscardin dont la graine n'est pas mûre ne diffère pas sensiblement de celui dont les sporules sont arrivées à leur parfaite maturité. De là les efforts impuissants de certaines personnes pour communiquer le mal; elles ne prenaient probablement que des muscardins dont le végétal n'était pas mûr. Nous pouvons assurer que, toutes les fois que l'on aura de la graine parfaitement développée et que l'on se placera dans des circonstances semblables à celles dans lesquelles nous nous trouvions, il suffira d'en faire tomber sur le corps des vers sains pour leur donner la maladie.

Voici quelques-unes des nombreuses expériences que nous avons faites à ce sujet.

Le 2 juin, nous prîmes sept boîtes en carton, dans chacune desquelles nous distribuâmes vingt-cinq vers, tirés d'une éducation voisine, qui sortait de la quatrième mue, et dans laquelle on n'avait remarqué encore aucun cas de muscardine.

Dans la boîte n° 1, nous frottâmes le dos des vers avec un pinceau plein de poussière muscardinique, qui nous paraissait réunir toutes les conditions de maturité.

Dans la boîte n° 2, nous frottâmes des feuilles données au premier repas avec la même semence.

Dans la boîte n° 3, furent mis trois muscardins déjà blanchis par la végétation du cryptogame, et qui commençaient seulement à montrer quelques sporules (1). Ces muscardins furent retirés le lendemain à midi, c'est-à-dire, au bout de vingt-quatre heures.

Dans la boîte n° 4, nous soufflâmes de la poussière muscardinique et en laissâmes tomber sur le corps des vers.

Dans la boîte n° 5, le fond de la boîte fut saupoudré de cette même poussière.

Dans la boîte n° 6, nous secouâmes un pinceau sec, plein de poussière muscardinique, en le tenant au-dessus de la boîte.

Dans la boîte n° 7, le couvercle fut remis et ses parois furent percées de quatre petites fenêtres latérales et opposées, afin que l'air pût y pénétrer, mais en passant sur les vers muscardins efflorescents que nous déposâmes en travers de ces ouvertures.

Comme il serait trop long d'entrer dans les détails de chacune de ces expériences séparément, détails consignés, du reste, dans notre journal, nous nous bornerons à donner le tableau suivant :

	Morts muscardins.	Perdus.	Vivants. Cocons.	Total.
1. Frottés sur le dos.	25	»	»	25
2. Avec des feuilles frottées.	24	1	»	25
3. Avec trois muscardins blancs. . . .	24	»	3	27 (2)
4. Sporules soufflées.	23	2	»	25
5. Boîte saupoudrée.	25	»	»	25
6. Exposés à la poussière blanche. . .	25	»	»	25
7. Avec les fenêtres.	25	»	»	25

Parmi les expériences qui nous ont amenés à conclure que

---

(1) L'infection causée par ces muscardins, montrant à peine quelques sporules, est très-remarquable, et montre avec quel soin et quelle rapidité il faut, dans un atelier où le mal commence à paraître, enlever les vers qui viennent de mourir.

(2) Deux seront venus des autres boîtes.

la muscardine ne pouvait se propager que lorsque le cryptogame a eu le temps de fructifier, nous citerons la suivante.

Nous avons pris vingt-cinq vers au premier jour du cinquième âge, provenant d'une éducation faite en plein air et dans laquelle il ne s'était pas encore montré de muscardine, et nous les avons mis en contact, dans une boîte, avec cinq ou six vers muscardins morts depuis quarante-huit heures et commençant à blanchir; nous les avons laissés ainsi en contact pendant douze heures environ. Un peu avant la montée, un seul ver mourut non muscardin; il tomba en pourriture peu de temps après sa mort. Sur les vingt-quatre restants, dix-neuf donnèrent d'excellents cocons, nous eûmes deux chiques et trois vers égarés; total, vingt-cinq.

Toutes les autres tentatives que nous avons faites pour donner la muscardine avec des muscardins en herbe ont été également infructueuses.

§ 3.

*De l'inoculation du cryptogame muscardinique dans les
vers à soie.*

Nous avons voulu répéter l'expérience si curieuse d'Audouin relativement à l'inoculation de la graine de muscardine et à l'introduction, sous la peau du ver, de quelques fragments de thallus muscardiniques.

Le 1er juin, nous avons pris des vers très-beaux et très-sains qui entraient dans leur cinquième âge. — Quatre d'entre eux ont été mis à part. — Nous leur avons pratiqué une très-petite piqûre au côté, entre les pattes cornées et les fausses pattes membraneuses. Cette piqûre a donné lieu à l'écoulement de cinq à six grosses gouttes de liquide jaune. — Après avoir essuyé et étanché ce liquide, nous avons pris un groupe de sporules avec la pointe d'une aiguille et nous l'avons introduit dans cette plaie. Comme le liquide jaune tendait toujours à sortir, il s'opposait à l'introduction de ces sporules; mais nous avons répété l'opération de manière à avoir toujours la chance d'en faire entrer quelques-unes. Ces vers n'ont pas paru incommodés de cette opération, et, dès qu'elle a été terminée, ils se sont mis à manger comme à l'ordinaire. Le 4, deux vers de cette expérience sont morts muscardins; le troisième est mort, le 6 juin, également muscardin : ils ont durci, rougi et blanchi dans le temps ordinaire. Le quatrième ver a fait un cocon dans lequel il s'est changé en dragée.

En même temps que nous faisions cette expérience, nous inoculions des sporules de muscardine à deux chrysalides extraites de leurs cocons. — Elles sont mortes en six jours. — Soixante-deux heures après leur mort, elles avaient déjà, aux articulations et aux stigmates, des efflorescences très-marquées (1). — Un des stigmates, vu à un fort grossissement, a montré de nombreuses ramifications qui tendaient à couvrir la peau voisine, et nous avons eu même l'occasion, dans cette circonstance, d'apercevoir un groupe de ramifications ayant perforé la peau et commençant à s'étendre de la même manière.

Du reste, le développement du cryptogame sur cette chrysalide a suivi la même marche que sur les cadavres de vers à soie.

---

(1) Les stigmates sont les organes respiratoires du ver ; il y a sept stigmates de chaque côté. Une bonne anatomie descriptive du ver à soie, de la chrysalide, du papillon et de l'œuf manque encore à l'industrie de la soie : M. Guérin-Méneville s'occupe de ce travail.

(Note de la rédaction.)

§ 4.

De la durée de l'incubation du cryptogame dans le corps du ver, depuis le moment de l'infection par le contact jusqu'à la mort.

Nous avons observé que, pour les vers du cinquième âge, le minimum d'incubation était de sept jours, et que, pour les vers qui viennent de naître, le minimum était de dix-sept jours.

Voici quelques-unes de nos observations à cet égard :

Nous avions consacré, comme nous l'avons déjà dit (page 14), sept boîtes aux expériences comparatives sur la contagion : chacune de ces boîtes contenait vingt-cinq vers. Nous avons eu, pour le minimum d'incubation, les résultats exprimés dans le tableau ci-contre. Du reste, nous n'avons pas pu faire ces expériences sur la durée de l'incubation de la muscardine, d'une manière assez détaillée et pour chaque âge des vers; mais nous nous proposons de recommencer ce travail, en nous entourant de toutes les précautions nécessaires. Le résultat produira des tableaux fort intéressants, montrant la durée de l'incubation à chaque âge des vers, à diverses températures et à divers degrés d'hygrométrie.

EXPÉRIENCES sur la durée de l'incubation de la muscardine dans le corps de vers commençant le cinquième âge, distribués en sept boîtes qui en contenaient chacune vingt-cinq.

JOURS.	1	2	3	4	5	6	7	8	9	10	11	12	13	14	»	»	»
DURÉE DE L'INCUBATION JUSQU'À LA MORT.	»	»	»	»	Morts.	Idem.	Idem.	Idem.	Idem.	»	»	»	»	»	Cocons vivants.	Vers perdus.	Total.
1. Frottés sur le dos.	»	»	»	3	2	2	17	1	»	»	»	»	»	»	»	»	25
2. Avec des feuilles frottées.	»	»	»	»	»	»	23	1	»	»	»	»	»	»	»	1	25
3. Avec trois vers muscardins blancs.	»	»	»	»	»	1	2	2	8	3	5	3	»	»	3	»	27 (1)
4. Sporules soufflées.	»	»	»	»	»	2	20	1	»	»	»	»	»	»	»	2	25
5. Boîte saupoudrée.	»	»	»	»	»	»	18	5	2	»	»	»	»	»	»	»	25
6. Exposés à la poussière.	»	»	»	»	»	»	»	2	2	3	7	3	3	5	»	»	25
7. Avec les quatre fenêtres.	»	»	»	»	»	»	3	11	11	»	»	»	»	»	»	»	25

(1) Deux seront venus d'autres boîtes contenant des vers qui n'avaient pas reçu de sporules.

On voit, d'après ce tableau, que le mal a exercé ses plus grands ravages le septième jour; c'est à ce moment que la plus grande partie des vers infestés a succombé. Quant aux vers qui ont été frappés avant le septième jour, ne serait-il pas possible qu'ils eussent déjà reçu le germe de la maladie dans les ateliers où ils se trouvaient avant d'être mis dans les boîtes à expérience? A l'égard des vers n° 1, dont quelques-uns ont été frappés dès le quatrième et le cinquième jour, ne serait-il pas permis d'admettre encore que les sporules ont été introduites plus avant dans la peau de ces vers par la friction qui a eu lieu, et que, dans ce cas, il s'est passé quelque phénomène analogue à celui que nous avons obtenu en introduisant de la graisse, remplie des racines (thallus) du cryptogame, d'un ver muscardiné, sous la peau d'un ver sain (*voir* le § 12)?

La plus importante de nos expériences sur la durée de l'incubation pour les vers du premier âge est celle du 2 juin.

Nous avons pris deux cents vers nés de la veille, nous les avons placés à part dans une boîte et nous avons soufflé sur eux de la poussière muscardinique. La muscardine s'est déclarée dix-sept jours après, et sur deux cents vers nous n'en avons conservé que six, et encore ces six se sont-ils changés en dragées dans les cocons.

Nous n'avons fait qu'une seule expérience sur des vers du deuxième âge. La muscardine s'est déclarée chez eux le dixième jour.

Le temps nous a manqué pour expérimenter sur des vers du troisième et du quatrième âge; comme nous l'avons dit plus haut, toutes ces expériences sur la durée de l'incubation dans les différents âges demandent à être renouvelées et étudiées avec le plus grand soin, dans diverses conditions de température, d'humidité, etc., afin de pouvoir bien les préciser et de pouvoir en tirer des conclusions positives. Cependant ces premières observations paraîtraient établir que

le développement du germe muscardinique est d'autant plus
rapide que l'âge des vers est plus avancé.

§ 5.

*De la communication de la muscardine, soit par le contact,
soit par l'inoculation, à d'autres insectes que le ver à
soie.*

Nous avons expérimenté, à cet égard, sur trois sauterelles
vertes (*locusta ephippiger* et *viridissima*), cinq chenilles du
genêt (*noctua spectrum*), une larve de longicorne trouvée
dans un tronc de peuplier, des chenilles de *bombyx rubi*,
entièrement couvertes de longs poils, et de *sphinx euphorbiæ*;
plusieurs ont été inoculées, d'autres simplement frottées de
poussière muscardinique, et toutes sont mortes muscardi-
nées, comme dans nos expériences sur les vers à soie : il
s'est même présenté un fait très-curieux, relatif à une
grosse sauterelle à l'état de larve, que nous avions voulu
conserver pour une collection; ayant placé par mégarde
cette sauterelle dans une boîte qui nous avait servi pour des
expériences de muscardine, et l'ayant nourrie là pendant
quelque temps, nous l'avons trouvée enfin morte et presque
entièrement couverte du cryptogame muscardinique.

§ 6.

*Des conditions nécessaires pour le développement du cryp-
togame et sa fructification dans le corps des vers morts,
et, par suite, pour la contagion à l'égard des vers vivants.*

D'après toutes les observations que nous avons faites à ce
sujet, l'humidité est une des conditions essentielles de végétation et de développement pour le cryptogame muscardinique, comme pour tous les autres cryptogames. Cette

condition est surtout impérieuse quand le végétal s'est montré au dehors du ver, après sa mort; car on conçoit que les liquides propres au ver suffisent au développement du thallus de la muscardine, tant que cette mucédinée végète dans l'intérieur de ce ver.

Les vers morts de muscardine et laissés à l'air sec se couvrent très-imparfaitement de l'efflorescence contagieuse. La plante y languit comme dans un terrain aride, elle y meurt même avant d'avoir pu y parcourir ses phases de croissance, de fructification et de maturité.

Nous avons placé à plusieurs reprises des muscardins qui commençaient à blanchir dans un lieu sec et aéré; le cryptogame n'a pas tardé à périr; les vers, tout en restant blancs, diminuaient de volume en se séchant. Ayant examiné au microscope quelques portions de leur peau, nous avons vu que la plante avait été arrêtée dans son développement, qu'elle était restée desséchée à l'état de filaments.

Quelquefois le desséchement ayant été imparfait dans quelques parties abritées par un pli ou une patte, alors, et dans cet endroit seulement, le cryptogame a eu le temps de se développer et de donner quelques graines.

L'influence de la sécheresse de l'air et de l'humidité est tellement positive à l'égard de ce développement, que, lorsqu'on laisse, sur la litière, des vers récemment morts de la muscardine, l'efflorescence commence toujours en dessous, du côté qui touche à la litière, c'est-à-dire du côté où il y a de l'humidité, tandis que le dessus, exposé à l'air, se dessèche ou se couvre plus difficilement d'efflorescence.

Un des effets très-remarquables encore de la grande sécheresse sur un ver muscardin, c'est non-seulement de le sécher et de le racornir, comme nous venons de le dire, mais de durcir tellement la peau, que, lors même que le végétal parasite contenu à l'intérieur ne périrait pas par l'effet de la sécheresse, il ne pourrait percer cette peau pour végéter à l'extérieur et fructifier.

(23)

Ainsi le développement plus ou moins rapide du cryptogame dépend du degré d'humidité. Avec une humidité
convenable, il met à peine trois ou quatre jours pour fructifier; avec moins d'humidité, il mettra quelquefois huit à
dix jours; enfin, s'il n'y a pas d'humidité du tout, il ne se
développera pas et se desséchera.

Cette observation est très-intéressante, car elle vient
expliquer un fait qui est de connaissance vulgaire dans le
Midi, c'est que les ravages de la muscardine sont bien moins
considérables dans les années de grande sécheresse que dans
les années humides; elle conduit encore à cette application
pratique que les délitements fréquents et l'aération suffi-
sante d'une magnanerie, en ne permettant pas aux muscardins de donner de la graine, sont d'excellents moyens
pour empêcher la propagation de la maladie. — C'est pré-
cisément ce qui a été observé, dans les dernières années,
sur divers points, mais particulièrement à la magnanerie de
Sainte-Tulle, où la muscardine paraît chaque année, mais
est toujours combattue et arrêtée victorieusement.

§ 7.

De l'influence des locaux infestés de muscardine.

Nous avons fait, à ce sujet, plusieurs expériences; la
plus considérable a porté sur 400 grammes de graine.

Nous avions fait éclore ces 400 grammes dans deux petits
ateliers où l'on n'a jamais eu de muscardine; lorsque les
vers furent au troisième âge, nous en transportâmes la plus
grande partie dans le grand atelier, où, depuis plusieurs
années, au contraire, on a toujours constaté la présence du
fléau et où l'on n'a pu l'arrêter qu'à force de soins, de délitements et d'aération.

Il pouvait rester dans le petit atelier à peu près la cinquième partie des vers; on n'a pas remarqué un seul mus-

cardin dans ces vers, tandis que les quatre autres cinquièmes portés dans le grand atelier ont présenté des muscardins en assez grande quantité pour donner de sérieuses inquiétudes. Ce n'est encore qu'à force de soins que l'on a pu sauver l'éducation et obtenir une récolte satisfaisante.

Au moment où les vers du petit atelier entraient dans le cinquième âge, nous avons encore voulu faire une nouvelle expérience et nous avons transporté quelques claies de ces vers dans le grand atelier. Sept jours après, ils ont présenté plusieurs muscardins, et l'on a trouvé, dans les cocons que les autres ont donnés, un assez grand nombre de dragées. Les vers restés dans le petit atelier ont continué, au contraire, à montrer une santé parfaite et ont fini par donner une récolte d'excellents cocons, dans lesquels il ne s'est pas trouvé de dragées.

Une autre expérience, encore sur le même objet, non moins concluante, est celle-ci :

Un habile éducateur de l'Ardèche, de nos amis, nous avait envoyé des œufs d'une variété particulière de milanais; nous partageâmes cette graine en trois lots de 25 grammes chaque. Le premier fut élevé dans le grand atelier de Sainte-Tulle, le second à la magnanerie de Mme Buisson, de Manosque, et le troisième à celle de Mme Pourcin, de la même ville. Notre lot a été muscardiné dans les mêmes proportions que tous les vers du grand atelier, tandis que les deux autres n'ont pas présenté la moindre trace de muscardine.

Nous avions conservé dans une grande chambre à coucher occupée par l'un de nous (M. Guérin-Méneville), et dans laquelle on n'avait jamais fait d'éducation de vers à soie, un petit lot de graine. Ces œufs ne tardèrent pas à éclore et nous donnèrent un assez grand nombre de vers, que nous résolûmes d'élever dans cette chambre, sur une petite claie, pour avoir toujours sous la main des sujets exempts des influences des ateliers et élevés dans un lieu spacieux, aéré, près d'une fenêtre. Cependant, au bout de

douze jours, en délitant ces vers, nous trouvâmes, à notre
grande surprise, quelques morts muscardins. Nous avions
espéré pouvoir préserver ces vers de la contagion, mais les
expériences que nous avions faites journellement sur la muscardine avaient évidemment répandu des sporules dans la
pièce. En effet, depuis le lendemain de l'éclosion de ces vers,
nous nous étions occupés à infecter artificiellement d'autres
vers, dans cette même chambre, avec des muscardins de l'année
précédente. Évidemment, dans ce cas, quoique les vers de
la claie dont nous venons de parler fussent séparés par
toute la largeur de la chambre de la table où nous nous
livrions à nos travaux, quoique nous n'eussions encore obtenu qu'un très-petit nombre de muscardins, ces vers avaient
été infectés par les sporules qui se détachaient des muscardins soumis à nos opérations et qui avaient été transportées
par l'air sur les vers sains. La muscardine a continué à se
développer avec une grande énergie dans cette petite éducation, qui, en arrivant à la bruyère, avait perdu les trois
quarts de ses vers.

Ces faits, qui ne font que confirmer des milliers de faits
semblables déjà observés, démontrent quelle influence funeste peut exercer un local déjà infecté de muscardine, et
combien il est urgent de trouver des moyens assurés de
purifier ce local.

On avait dit souvent que la muscardine était, sans doute,
le produit de l'accumulation des vers dans des magnaneries
mal tenues, et de là l'opinion de quelques éducateurs qui
prétendaient que la muscardine pouvait être comparée aux
diverses maladies contagieuses et épidémiques qui affligent
l'homme. Avec cette opinion on croyait naturellement que
le changement de local, le changement d'air et surtout
l'exposition à l'air libre seraient les moyens curatifs par
excellence. Deux expériences ont été faites en vue de
prouver que cette opinion est erronée et contraire à tout
ce que la connaissance de la nature de la maladie nous ap-

prend : ainsi, après le quatrième sommeil, deux divisions de vers furent tirées du grand atelier et transportées dans les salles de deux fermes éloignées, placées sur des collines et en bon air. La muscardine a continué de sévir dans ces colonies, comme nous l'avions, du reste, annoncé à nos contradicteurs, mais en cas isolés, jusqu'au moment de la montée, sans présenter cette disposition à s'accroître que l'on remarquait dans l'éducation restée au grand atelier. On comprend que tous les vers qui avaient déjà reçu des sporules muscardiniques dans le grand atelier les ont emportées avec eux ; le changement de local n'a pas empêché ces graines de se développer dans ces vers et de les tuer : seulement ceux qui n'en avaient pas reçu avant leur sortie de l'atelier infecté n'ont plus couru le risque d'en recevoir dans des locaux où il n'y en avait pas ; aussi le nombre des cas est-il toujours allé en décroissant, grâce aux délitements fréquents qui empêchaient les morts de donner leur graine.

Nous avons voulu démontrer que des vers provenant de l'atelier infecté, élevés au grand air, n'en mourraient pas moins s'ils avaient le germe de la maladie. Nous avons donc placé dans un panier cent vers sortant de leur quatrième sommeil, tirés de la chambre muscardinée artificiellement, nous avons couvert ce panier d'un filet et l'avons suspendu à un arbre jusqu'à la fin de l'éducation, et la muscardine s'y est maintenue constamment et a continué à s'y montrer dans les mêmes proportions à peu près.

§ 8.

De la contagion par la semence de l'année précédente.

Le 18 mai 1846, n'ayant point encore rencontré de cas de muscardine dans aucun atelier, nous voulûmes nous en procurer artificiellement au moyen de quelques muscardins trouvés sur une vieille claie abandonnée dans un grenier.

Nous allâmes prendre douze beaux vers dans l'éducation hâtive du docteur Robert oncle (1), qui étaient au deuxième jour de leur cinquième âge. Cette éducation, dont M. Robert oncle a rendu compte à l'Académie de Marseille, dans une notice très-remarquable, avait marché jusque-là de la manière la plus régulière et a ensuite été terminée avec le succès le plus complet, sans montrer la moindre trace de muscardine ni d'autres maladies. Ces vers étaient donc parfaitement sains : nous les avons mis dans une boîte avec les muscardins de l'année précédente dont nous venons de parler. Le 26 mai, au moment où les douze vers, qui n'avaient cessé de manger avec avidité et de donner les marques d'une brillante santé, étaient sur le point de monter, nous trouvâmes le matin, en nous levant, six vers morts de la muscardine ; deux avaient commencé à filer, un était sur la bruyère, les trois autres gisaient sur la litière.

Le lendemain, quatre autres vers étaient encore morts, et les deux vers restants étaient enfermés dans leurs cocons. Au décoconage, ces deux cocons renfermaient des dragées.

Le fait de la contagion par les semences de l'année précédente nous paraît expliquer parfaitement l'infection permanente et, pour ainsi dire, héréditaire des magnaneries quand une fois elles ont été atteintes par le fléau.

Les effets de cette infection ont pu, jusqu'à présent, être neutralisés, jusqu'à un certain point, à force de soins et de bonne direction, mais bien rarement détruits.

Voici pourquoi : on peut bien, pendant le courant de

---

(1) M. le docteur Robert oncle est, depuis trente-deux ans, médecin ordinaire du lazaret de Marseille ; il a enrichi la science d'une foule de travaux remarquables sur les maladies contagieuses, dont il a fait une étude toute particulière. Les idées qu'il s'est faites par une longue pratique sur ces sortes de maladies l'ont conduit à regarder la muscardine des vers à soie comme ayant la plus grande analogie avec elles ; ce qui l'a engagé, dans un écrit récent, à donner à la muscardine le nom de *typhus des magnaneries.*

l'éducation, par des soins assidus et surtout par des délitements fréquents, empêcher la muscardine de se développer
et de fructifier sur le corps des vers que l'on enlève au fur
et à mesure, avant qu'ils ne puissent répandre la contagion; mais, du moment que l'encabanage est posé et que
les vers sont sur la bruyère, il n'y a plus moyen de faire
disparaître les muscardins. Ces muscardins restent accrochés
au milieu des vers qui font leurs cocons, et demeurent ainsi
jusqu'au déramage, c'est-à-dire pendant huit ou dix jours;
de manière que le cryptogame a tout le temps nécessaire
pour parcourir toutes ses phases et mûrir parfaitement ses
sporules, qui, au moindre choc, se détachent et vont se
loger dans toutes les parties de l'atelier qu'elles doivent infecter de nouveau l'année suivante.

Plus on agitera les bruyères au moment du déramage,
plus on augmentera les chances de cette infection.

Dans beaucoup de localités, on est dans l'habitude de
jeter les bruyères par les fenêtres de l'atelier et de les agi-
ter ensuite de nouveau sur la voie publique pour les mettre
en fagots. Ces diverses opérations font voler des nuages de
poussière muscardinique qui portent l'infection dans l'atelier, et souvent dans des ateliers assez éloignés, où les sporules sont portées par le vent.

§ 9.

Expériences sur de la semence de muscardins de huit ans.

Il est très-important de déterminer avec exactitude le
nombre d'années pendant lesquelles la muscardine peut
conserver sa propriété contagieuse, ou, en d'autres termes,
combien de temps les sporules conservent leurs facultés
germinatives.

Nous nous proposons de faire, à cet égard, par la suite,
des expériences répétées : cette année, nous n'avons pu en

faire que deux; c'était avec de la graine de muscardins de huit ans conservés depuis 1839.

Nous avons mis dans une boîte deux de ces muscardins avec vingt-cinq vers commençant leur cinquième âge. Un ver est mort le cinquième jour, un le neuvième, un le dixième, deux le treizième et trois le quinzième, en tout huit vers muscardins : treize vers ont fait leurs cocons, quatre ont été perdus.

Dans les expériences faites avec des muscardins de l'année, sur vingt-cinq vers, pas un seul n'avait échappé; ici, huit seulement étaient frappés, et encore, comme d'autres expériences avaient lieu dans le même local, on ne pouvait pas être certain que la maladie eût été donnée par les muscardins de huit ans.

Nous avons recommencé cette expérience dans une pièce mieux isolée avec vingt-cinq de nos vers de l'éducation en plein air arrivés au premier jour de leur cinquième âge; ces vingt-cinq vers ont reçu également le contact de deux muscardins de huit ans (de 1839). Nous n'avons eu que trois muscardins, les autres vers ont parcouru leurs diverses phases de la manière ordinaire, comme ceux de l'éducation dont ils avaient été extraits.

La conclusion naturelle à tirer de cette deuxième expérience, c'est que la muscardine de huit ans n'est pas contagieuse. Quant aux trois muscardins que nous avons eus, ils auront été infectés par quelques sporules tombées des habits de la personne qui donnait à manger aux vers. Si les muscardins de huit ans étaient contagieux, ce ne sont pas seulement trois vers qui seraient morts, mais tous les vers, comme dans nos expériences sur la muscardine de l'année.

§ 10.

De la spontanéité de la muscardine.

Toutes nos expériences de cette année nous portent à repousser l'idée de la spontanéité de la muscardine, malgré l'expérience faite par Audouin. Cette spontanéité, telle que cet entomologiste l'a constatée, a-t-elle, en effet, été bien réelle? Ne pouvait-il pas se faire que des sporules de la muscardine, sur laquelle il faisait ses expériences alors, se soient glissées dans les bocaux qu'il avait employés pour muscardiner spontanément les larves de *saperda* sur lesquelles il opérait? Des faits à peu près analogues se sont produits pour nous, et nous avons cru qu'on ne pouvait pas les considérer comme des preuves de spontanéité. Des expériences, du reste extrêmement délicates et très-difficiles, seraient nécessaires pour trancher entièrement cette question ; il faudrait pouvoir opérer, avec une connaissance parfaite de la maladie, dans un pays où la muscardine n'aurait pas encore pénétré. En attendant, notre conviction bien positive est qu'il est impossible de créer un être quelconque sans le secours de germes préexistants, et nous ne serions pas embarrassés de produire des milliers de faits à l'appui de cette conviction.

§ 11.

Des effets de l'incubation des œufs relativement à la muscardine.

Beaucoup d'éducateurs, dans le Midi, attribuent l'invasion de la muscardine à l'imperfection des moyens d'incubation des œufs ; nous croyons que c'est encore là une erreur.

Une trop grande chaleur, des coups de feu, des transitions

trop brusques de chaud et de froid peuvent bien faire du tort à la graine et altérer la constitution des vers ; mais comment tout cela pourrait-il faire naître la muscardine?

Pour que cette maladie paraisse dans un atelier, il faut qu'il existe d'avance des sporules muscardiniques ou qu'elles y soient apportées d'une manière quelconque ; or ce n'est pas la chaleur ou le froid qui créeront spontanément les sporules.

Parmi un grand nombre de faits qui ont établi pour nous que les moyens d'incubation étaient sans influence sur le plus ou moins de développement de la muscardine , nous citerons le fait suivant; ce fait est un des plus importants , parce que nous avons agi sur de grandes masses de graine.

Depuis longtemps on se servait, dans la magnanerie de Sainte-Tulle, pour l'incubation des œufs, d'un petit cabinet avec un poêle en brique , comme le recommande Dandolo. Ce mode d'incubation peut amener de bons résultats avec beaucoup de soins et de surveillance ; mais il offre de grands inconvénients en ce que l'on peut chauffer trop fortement ou laisser tomber la température.

Nous avons fait établir, cette année , un appareil tout nouveau construit dans les beaux ateliers de MM. Taylor, à Marseille. Cet appareil, bien supérieur à la chambre de Dandolo, est composé d'une chaudière cylindrique et d'une suite de tuyaux de grande dimension dans lesquels circule l'eau de la chaudière, convenablement chauffée par un fourneau extérieur ; on obtient ainsi une température douce , uniforme et successivement croissante, qui est absolument indépendante des négligences ordinaires d'un chauffeur, en même temps que l'on maintient dans la pièce le degré d'humidité nécessaire.

Nous avons divisé en deux lots égaux la graine destinée à nos éducations expérimentales ; nous avons mis un de ces lots dans la petite chambre à la Dandolo et l'autre dans la chambre où était l'appareil de MM. Taylor.

Une fois les vers éclos, nous les avons élevés dans leurs petits ateliers respectifs jusqu'à la sortie du deuxième sommeil. A cette époque, ils ont été transportés dans la magnanerie salubre, où l'on sait que la muscardine se montre constamment depuis plusieurs années et n'est annulée, à chaque éducation, que par les soins les plus assidus.

On eut soin de séparer les vers provenant des deux éclosions par une rangée vide de claies de manière à les conserver bien distincts.

Au bout de huit jours, les deux catégories commençaient à présenter des cas de muscardine dans la même proportion; les cas se représentèrent avec assez d'intensité pendant le reste de l'éducation, mais toujours indistinctement dans l'une et l'autre série.

Quelques parties de vers étaient restées dans les petits ateliers; la différence des moyens d'incubation ne s'est pas fait sentir davantage pour ces vers. Dans la magnanerie, les deux catégories ont eu des cas de muscardine; dans les petits ateliers, ni l'une ni l'autre catégorie n'en ont présenté.

Il n'en faut pas moins donner tous les soins possibles à l'incubation des œufs et employer les meilleurs procédés pour cette opération, qui est la base de tout succès. Nous ne saurions trop insister à cet égard, car une foule de maladies autres que la muscardine viennent d'une mauvaise incubation, ainsi que nous le ferons ressortir, plus tard, d'expériences comparatives.

§ 12.

L'état maladif des vers n'est-il pas favorable à la contagion de la muscardine (1)?

Cette question, comme beaucoup d'autres relatives à la

---

(1) Divers savants et agriculteurs pensent que les parasites animaux et

muscardine, demande plusieurs années d'observations. Voici toujours une expérience qui nous a paru avoir quelque intérêt et qui tendrait à démontrer que la semence muscardinique ne se développerait pas sur des vers déjà atteints d'autres maladies.

Nous avons choisi, dans le grand atelier, une collection complète d'arpians, de luzettes, de flats, de porcs, de clairets, etc., que nous avons placés dans une boîte à côté d'un pareil nombre de vers sains du même âge ; nous les avons

---

végétaux, et spécialement les cryptogames, n'envahissent les végétaux phanérogames et les animaux que lorsque les tissus de ceux-ci ont été modifiés par quelques causes morbides.

Je crois qu'il n'est pas toujours nécessaire qu'un animal soit atteint d'une maladie pour que les agents naturels, animaux et végétaux, viennent se développer sur lui ou dans son intérieur. S'il devait toujours en être ainsi, la grande loi naturelle que j'ai formulée (page 6, note 2) dans tous mes travaux de zoologie appliquée ne serait pas exacte.

En effet, il est bien reconnu que les animaux ont des parasites qui les attaquent quand ils sont dans la plénitude de leur vie, qui sont destinés à limiter leur nombre : ainsi les ichneumonides et les chalcidites, parmi les insectes parasites, pondent leurs œufs dans les tissus d'autres insectes en très-bonne santé, que souvent ils ne peuvent voir, et que leur oviducte va chercher dans les profondeurs des retraites qu'ils se sont construites, dans le centre des tiges des joncs, des graminées, etc. Pourquoi la nature, si variée dans ses moyens et cependant si uniforme dans les résultats qu'elle en obtient, se serait-elle bornée à ces agents pour arriver à cette destruction d'individus, destinée à maintenir l'équilibre entre tous les êtres ? Puisqu'il y a des animaux destinés à cette fin, il peut bien y avoir aussi des végétaux ; et, en admettant cela, on conçoit que la muscardine peut être dans ce cas.

On pourrait aller plus loin et montrer que les insectes phytophages et carpophages ne sont pas les seuls qui soient destinés à limiter le nombre des végétaux, et que d'autres espèces végétales, telles que le botrytis des pommes de terre, concourent à cette grande mission.

Du reste, il peut se faire que tout le monde ait raison, car il est évident qu'il y a des parasites animaux et végétaux qui causent directement la mort d'animaux et de végétaux bien portants, d'autres qui ne font que hâter leur mort quand ils commencent à être malades, et d'autres enfin qui ne sont destinés qu'à concourir à la décomposition de ceux qui ont succombé.   (G. M.)

frottés les uns et les autres avec un pinceau imprégné de poussière muscardinique, et nous avons observé que tous les vers sains n'ont pas tardé à mourir muscardinés, tandis que les autres ne sont morts que des maladies particulières dont ils étaient atteints et qu'ils ont pourri comme on le voit chaque jour dans les ateliers.

Nous avions été conduits à tenter cette expérience après avoir observé un fait très-remarquable que nous allons faire connaître.

Voulant répéter l'expérience si curieuse d'Audouin, relativement à l'introduction sous la peau de vers à soie sains de quelques fragments de thallus muscardinique, nous prîmes, le 1er juin, un ver très-beau et très-vigoureux qui entrait dans son cinquième âge, et nous lui fîmes une piqûre au côté, entre les pattes membraneuses et les pattes écailleuses. Après avoir laissé saigner la plaie, nous fîmes pénétrer dans son intérieur, à l'aide d'une aiguille, un petit fragment de peau efflorescente d'un muscardin récemment mort. Cette muscardine n'était encore qu'à l'état de filaments et sans sporules ; ce n'était donc qu'un faisceau de boutures que nous plantions. Le ver ainsi opéré a eu l'air assez souffrant; il n'a plus mangé, et il est mort dans la journée du 5, quarante heures environ après l'opération. Après sa mort, ce ver a présenté une singulière anomalie ; il est resté mou dans presque tout son corps, à l'exception des parties adjacentes à la plaie qui lui avait été faite par l'introduction du thallus muscardinique. Il a rendu par la bouche une certaine quantité de liquide noirâtre, ce qui n'a été observé dans aucun autre cas de muscardine. Le 8 juin, les parties du corps qui étaient restées molles après sa mort étaient noires et prêtes à tomber en putréfaction, tandis que celles où le thallus avait été introduit et avait eu le temps de commencer sa végétation étaient couvertes de l'efflorescence ordinaire. Cette expérience, l'une des plus intéressantes de toutes celles que nous ayons faites, montrait déjà

que la muscardine semble ne pouvoir végéter que sur des
vers sains ou sur des parties de vers restées encore saines.
Dans ce ver se trouvait la double condition de la muscardine inoculée d'abord à un ver sain où elle a pris immédiatement, et de la muscardine rencontrant bientôt dans sa
marche des parties malades, par suite de la blessure faite au
ver, et qui sont devenues pour elle un obstacle infranchis-
sable ; il s'est donc trouvé à la fois sur le même sujet un ver
sain qui a contracté d'abord la muscardine, et ensuite un
ver malade qui a limité et cantonné, pour ainsi dire, le développement du cryptogame.

§ 13.

Expérience sur la feuille mouillée.

L'emploi de la feuille mouillée ayant été indiqué dans ces
derniers temps comme un préservatif de la muscardine, nous
avons cru devoir faire diverses expériences à ce sujet.

Dans le grand atelier et à partir du premier jour du
deuxième âge, on a donné constamment de la feuille, qu'on
trempait immédiatement auparavant dans l'eau, aux vers
d'une claie de 2 mètres carrés. Ces vers, à cause de l'humidité
extrême des litières, étaient délités tous les jours ; ce qui
permettait également de constater avec le plus grand soin
les résultats de l'expérience. Dès que l'on eut observé les
premiers cas de muscardine, dans le reste de l'atelier, on en
observa également sur la claie traitée avec la feuille mouillée,
et, à aucun moment de l'éducation, cette claie n'a présenté
la moindre différence avec les autres.

Cette expérience a été répétée d'une autre manière ; ainsi
nous avons voulu la faire dans un lieu sec et comparative-
ment avec des vers nourris avec de la feuille sèche. Le
17 juin, nous portâmes deux cent cinquante vers, au premier jour du cinquième âge, dans un grenier situé au midi,

immédiatement sous les toits, et, par conséquent, très-chaud et très-sec. Ces vers provenaient de l'éducation très-muscardinée faite dans la chambre de M. Guérin-Méneville ; ils furent divisés en quatre catégories, savoir : n° 1, cent vers nourris constamment avec la feuille sèche ; n° 2, cent avec la feuille mouillée.

Le carton n° 1 nous a donné trente-trois muscardins, quatre chiques, un porc, cinquante-trois cocons, trois vers perdus ; total, cent.

Le carton n° 2, trente muscardins, soixante-deux cocons, quatre vers perdus ; total, cent.

C'est donc à peu près le même résultat ; de plus, tous les cocons de l'un comme de l'autre carton renfermaient des dragées.

Les conclusions à tirer de ces expériences, qui, du reste, demandent à être répétées, seraient celles-ci : c'est que, si l'humidité est indispensable au développement du cryptogame sur le ver mort et si la sécheresse arrête ce développement, ni cette humidité ni cette sécheresse ne paraissent empêcher le développement du mal dans le ver vivant.

§ 14.

Expérience sur l'emploi de la chaux.

Nous avons fait, matin et soir, saupoudrer de chaux une claie de vers de 4 mètres carrés ; la muscardine s'y est présentée comme dans toutes les autres parties de l'atelier : cette expérience demande nécessairement à être renouvelée.

§ 15.

Expérience sur l'emploi de l'alcool.

Cent vers nourris avec de la feuille trempée dans de l'eau qui contenait un quart d'alcool nous ont donné vingt mus-

cardins, douze chiques, soixante-deux cocons avec dragées
et trois vers perdus.

C'est une expérience encore qui demande à être renouvelée et étudiée.

Mais, dans une première année, nous ne pouvions qu'é-
baucher la plupart des observations.

§ 16.

Éducation faite en plein air.

Nous avons cru utile d'élever quelques vers à soie en plein
air pour comparer les résultats que nous obtiendrions avec
ceux de nos autres expériences.

A cet effet, douze cents vers environ furent placés, deux
ou trois jours après leur naissance, dans une corbeille plate
qui fut portée dans un grand mûrier de l'enclos, et couverte
d'un filet pour empêcher que ces insectes ne devinssent la
proie des oiseaux, qui en sont très-friands.

La première observation que nous avons faite sur cette
éducation, c'est l'irrégularité qui s'établit presque aussitôt
entre les vers qui la composaient, irrégularité, du reste, qui
se présente dans toutes les éclosions de chenilles à l'état
sauvage.

La seconde observation, c'est combien le ver à soie peut
quelquefois résister à de rudes épreuves: ainsi, le 5 juin, il
fit un grand orage pendant la nuit, les vers furent complétement inondés, et, comme le papier qui garnissait le fond
de la corbeille était fort épais, l'eau y séjourna comme dans
une cuvette. Dans ce moment-là, une partie des vers dor-
maient de leur troisième sommeil et étaient, par conséquent, sans mouvement. Ces vers restèrent sous l'eau pendant toute la nuit; le lendemain matin, on fit couler l'eau;
ils furent étalés sur un papier et mis à l'air; beaucoup
d'entre eux reprirent les petits mouvements qui leur sont

habituels pendant les mues, et la plupart accomplirent parfaitement toutes les phases de leur sommeil.

A partir de ce jour jusqu'au 26 juin, nous n'eûmes à constater aucun fait remarquable, si ce n'est l'irrégularité des vers, qui allait toujours en augmentant, et la longue durée de l'éducation, ou plutôt de ces éducations successives, car il y eut peut-être vingt catégories différentes de vers.

Le 27 juin, au moment où les vers les plus avancés se disposaient à monter, nous trouvâmes un muscardin mort; le 28, il y en eut un second, et au décoconage il s'en trouva dix autres cachés sous la litière. Le décoconage donna 990 cocons, dont la plupart d'une qualité médiocre.

Ces cas de muscardine, dans une éducation faite ainsi en plein air, sont à remarquer. Probablement des sporules avaient été apportées par les personnes chargées de soigner ces vers, ou même poussées par le vent, car nous rejetterons toujours l'idée de création spontanée pour le botrytis.

Comme ces vers, élevés ainsi en plein air, jouissaient d'une brillante santé, qu'ils ne pouvaient pas être considérés comme affaiblis par l'accumulation dans des espaces resserrés, pleins de gaz délétères produits par les émanations des litières corrompues, nous en avons employé plusieurs, différentes fois, pour des expériences d'infection, et toujours nous avons réussi à leur donner la muscardine en les frottant légèrement avec un pinceau imprégné de sporules. Quelques-unes de ces expériences ont même été faites en plein air. Nous avons placé les vers ainsi infectés dans un autre panier couvert d'un filet, nous les avons bien nourris de feuilles cueillies sur l'arbre même auquel était suspendu ce panier, et tous ces vers sont morts muscardins.

Ces expériences, que nous répéterons avec grand soin, semblent montrer que la mucédinée muscardinique peut se développer dans les vers les plus vigoureux, soustraits à toutes les influences morbifiques qu'ils peuvent recevoir dans un local où ils sont trop accumulés. Si ces faits se reproduisent dans nos expériences ultérieures, il sera démontré que le *botrytis bassiana* est bien la cause première de la mort des vers, et non la conséquence d'une altération de leurs tissus, d'une maladie, enfin, produite par l'accumulation de ces vers dans les magnaneries.

§ 17.

Les moisissures blanches que l'on remarque sur les litières sont-elles de la même nature que l'efflorescence des vers muscardins ?

Au milieu des incertitudes qu'avait présentées jusqu'ici la question de la muscardine, l'un de nous, dans un travail publié il y a quelques années, avait supposé que les moisissures blanches dont se recouvre ordinairement la litière des vers à soie, et qui offrent une analogie très-frappante de coloration et d'aspect avec la muscardine, pourraient bien être la source première de l'infection.

Les travaux de MM. Bérard et Balard, de Montpellier, avaient déjà signalé la différence notable qui existe entre ces deux espèces de moisissures. Le puissant instrument que M. le ministre du commerce avait mis à notre disposition nous a permis de nous convaincre aussi de cette différence, qui est très-grande, entre la muscardine et les moisissures des litières.

Ces moisissures de litières sont de trois sortes; la plus commune, celle que l'on rencontre le plus souvent, se présente sur les feuilles comme une poussière blanche. Vue au microscope, elle est formée de filaments rampants sur la feuille, d'où s'élèvent des tiges nues, portant à leur extrémité des groupes de sporules lisses, d'un aspect cristallin et sans ordre régulier. Vues sous un fort grossissement, ces sporules ont la forme oblongue du grain de blé et présentent quelques points transparents qui sont la cause de leur aspect cristallin. Ces sporules, placées sur le micromètre, à côté des sporules muscardiniques, offrent un volume près de cent fois plus grand. Cette mucédinée appartient au genre *cephalothecium*; c'est peut-être le *cephalothecium roseum* de Corda (*Icones fungorum*, t. II, pl. x, f. 62).

La seconde espèce de moisissure des litières, presque aussi commune que la première, procède également par de nombreux filaments rampants et entre-croisés; il s'en détache des tiges plus allongées, terminées par une espèce de tête sphérique, composée de nombreuses sporules lisses. Mais, dans celles-ci, les sporules sont sphériques et réunies l'une à l'autre en forme de chapelets; chacun de ces chapelets semble partir d'un point commun et central. Ces sporules, quoique plus petites que les précédentes, sont encore huit à dix fois plus grosses que celles de la véritable muscardine. Celle-ci paraît appartenir au genre *penicillium*; mais il faudra que nous l'observions dans divers états pour déterminer son espèce.

La troisième espèce, enfin, présente sur les feuilles de la litière des taches couleur de rouille; vues au microscope, elles se composent toujours des mêmes filaments rampants et blancs d'où s'élancent de véritables tiges ramifiées de la même couleur, à rameaux verticillés, partant d'un point commun autour de la tige, et portant chacun à leur extrémité une seule sporule sphérique, un peu plus grosse que celles de la précédente espèce, mais s'en distinguant surtout par la granulation dont elle est couverte. La couleur rougeâtre des sporules détermine la coloration générale de cette moisissure. C'est le *botrytis lateritia* de Fries, qui rentre dans le genre *acrostalagmus* de Corda. Nous nous empressons de déclarer que nous devons la détermination de ces espèces à l'obligeance de M. le docteur Montagne.

On comprendra que le temps nous a manqué pour étudier d'autres questions encore fort importantes; ainsi nous avons remarqué sur des feuilles de mûrier des œufs appartenant à deux espèces différentes de lépidoptères nocturnes que nous avons élevés, qui nous ont donné des cocons et des chrysalides, mais dont l'insecte parfait n'est pas encore éclos. Ces espèces, inoffensives aujourd'hui, pourraient peut-être devenir, par la suite, une cause de destruction pour la feuille de mûrier, et, sous ce rapport, méritent une attention particulière. Nous avons remarqué aussi une cochenille qui suce les jeunes tiges des mûriers ; nous nous proposons également de l'étudier.

Résumé et conclusions.

Maintenant, voici, en résumé, les principales conclusions auxquelles nous ont conduits les travaux de cette première campagne.

1° La muscardine est une maladie contagieuse produite, chez les vers à soie et chez d'autres insectes, par la végétation d'un cryptogame du groupe des moisissures, découvert par Bassi et nommé par Balsamo *botrytis bassiana*.

2° Cette plante semble ne pouvoir se développer que dans le corps des vers ou insectes vivants très-sains et très-vigoureux ; elle se propage par les graines ou sporules qui sont déposées sur d'autres vers ou d'autres insectes par le contact immédiat ou par l'air.

3° Quand des graines tombent sur un ver à soie, elles sont probablement absorbées par les pores de sa peau, ou par les organes de la respiration, et pénètrent ainsi dans son corps. La germination ou incubation de ces graines est d'autant plus rapide que les vers à soie sont dans un âge plus avancé ; ainsi, par exemple, six à huit jours ont suffi, dans le cinquième âge, pour amener la mort de la plupart des vers infectés.

4° Dans les cas les plus ordinaires, vingt à vingt-quatre heures après sa mort, le ver prend une teinte rosée plus ou moins intense et devient de plus en plus dur ; ce n'est que vingt à vingt-quatre heures plus tard encore, suivant la température, qu'il commence à blanchir légèrement par la sortie des premiers rameaux du cryptogame.

5° A partir de cette époque, les rameaux du cryptogame, croissant rapidement, rendent le ver de plus en plus blanc. La plante fleurit, si l'on peut s'exprimer ainsi, et vers la centième heure elle est en pleine fructification ; les graines se détachent au moindre toucher, au moindre souffle, alors seulement le ver blanchit les doigts comme le ferait de la craie.

6° Les graines ou sporules sont d'une telle petitesse qu'il faut le diamètre de cinq d'entre elles pour occuper un centième de millimètre ; elles sont sphériques et d'un blanc de neige, et s'enlèvent dans l'air comme une poussière impalpable ou comme une fumée légère à peine visible.

7° Les vers sur lesquels on a soufflé la semence muscardinique ne présentent aucun signe de maladie, mangent avec la même avidité et meurent subitement sans s'être amaigris ni décolorés; il en est de même quand on leur inocule cette semence.

8° Si on inocule à un ver du quatrième ou du cinquième âge un peu de graine d'un ver mort muscardiné, mais qui ne présente encore au dehors aucune végétation blanche, ce ver meurt beaucoup plus rapidement (dans l'une de nos expériences, la mort a eu lieu au bout de deux jours); il y a en effet, dans ce cas, une véritable plantation de bouture.

9° Des vers atteints d'autres maladies (arpians, flats, luzettes, jaunes ou gras) ne sont pas morts muscardins quand nous avons projeté sur eux la semence muscardinique; ils semblent impropres à sa végétation, et, quand ils succombent à leurs maladies, ils restent mous et tombent bientôt en putréfaction.

10° La muscardine ne peut naître spontanément; pour que les vers en soient infectés, il faut nécessairement qu'ils reçoivent d'une manière quelconque des sporules ou graines du cryptogame.

11° Il faut distinguer deux phases bien différentes dans la muscardine : la première , depuis l'inoculation du crypto-game dans le corps des vers jusqu'à la mort; la deuxième, depuis la mort de l'insecte jusqu'à l'entier développement et la fructification des sporules muscardiniques.

Dans la première phase , une fois que le mal a été ino-culé , il suit son cours, quelles que soient les conditions où se trouvent les vers , soit qu'on les mette dans un atelier bien tenu , soit dans un atelier mal tenu ; soit qu'on les accumule beaucoup trop, soit qu'on les espace librement; soit à l'hu-midité, soit à la sécheresse; soit dans un lieu enfermé, soit à l'air libre : mais, dans la deuxième phase, il en est tout autrement; une fois que les vers muscardins sont morts, la mauvaise tenue des ateliers, la trop grande accumulation et surtout l'excès d'humidité sont très-redoutables en amenant promptement le développement du cryptogame à l'extérieur des cadavres, la maturité complète des sporules et , par suite, une contagion immédiate pour tous les vers qui n'a-vaient pas d'abord été atteints.

12° Des vers morts de la muscardine ne communiquent pas la maladie à d'autres vers quand le végétal qui les cou-vre, et qui déjà les a rendus entièrement blancs, n'est encore qu'en herbe (cinquante à soixante heures après la mort du ver). Quand ce végétal commence à porter des graines mûres (soixante à cent quarante heures après la mort), il communique la maladie avec une grande énergie.

13° Il arrive souvent que des vers morts de la muscardine et couverts d'un végétal encore en herbe sont desséchés brusquement; alors le botrytis ne peut mûrir et donner de la graine : le ver reste sec, dur et blanc, mais il ne blanchit pas les doigts, et il ne peut communiquer la maladie.

14° Il est très-probable que la graine de la muscardine est surtout conservée dans les ateliers infectés , même dans ceux qui sont le mieux tenus, par les vers qui meurent après la montée sur les bruyères, et sur le corps desquels le cryptogame a le temps de se développer et d'arriver à toute sa maturité. Au décoconage, quand on enlève les cocons, ces vers répandent des nuages de poussière ou sporules qui vont se loger dans toutes les parties de l'atelier et conservent le principe du mal pour les années suivantes.

15° On peut attribuer à une cause analogue l'infection de villages et de contrées tout entières. Comme chacun, en général, jette sans précaution les bruyères ou les balayages des ateliers infectés de muscardine et en fait voler la poussière, il est certain que cette poussière, qui n'est composée que de graines ou sporules, est emportée par les vents et peut transmettre la maladie à de grandes distances.

En définitive, nos expériences peuvent se diviser en trois catégories. La première se compose de celles qui, venant confirmer les résultats déjà obtenus, ne peuvent plus être révoquées en doute et doivent être désormais acceptées sans contradiction raisonnablement possible.

Aussi tout ce qui a rapport à la nature végétale de la muscardine, à son développement, à l'existence de ce champignon microscopique, qui s'introduit dans le corps du ver et cause sa mort, à la fructification du cryptogame, à la contagion portée par ses sporules lorsqu'elles ont pu arriver à une pleine et entière maturité, tous ces faits sont maintenant, pour nous, hors de doute; nous avons eu des quantités de témoins dans les nombreux visiteurs de Sainte-Tulle, qui les ont vus et constatés comme nous. Si quelques incrédules existaient encore, nous pouvons non-seulement leur montrer les dessins du cryptogame, mais encore des fragments de vers sur lesquels existent les différentes végétations qui ont servi pour nos dessins, et que nous conservons précieusement entre deux verres pour qu'on puisse toujours les examiner au microscope et les comparer à nos figures.

Enfin nous affirmons que toute personne qui voudra répéter nos expériences dans les conditions où nous étions placés arrivera aux mêmes résultats.

La deuxième catégorie de nos expériences comprend celles qui nous ont donné quelques résultats entièrement neufs et d'une certaine valeur pratique, telles que la constatation des conditions nécessaires pour le développement du cryptogame et sa fructification sur le corps de l'insecte mort, l'influence des locaux infectés de muscardine, la contagion de la muscardine de l'année précédente, la non-spontanéité du cryptogame, l'impuissance de la contagion sur les vers atteints d'autres maladies.

La troisième partie se compose des expériences à faire, des moyens indiqués jusqu'à présent pour prévenir la contagion dans les éducations ou l'arrêter. On comprend que de temps, que d'études et d'observations demande cette troisième partie : dans cet ordre d'idées, il faudra chercher à découvrir si la végétation de la muscardine est subordonnée aux saisons, si elle ne peut avoir lieu qu'au printemps et à l'époque de la vie des vers ; il faudra déterminer les limites de température, d'humidité au delà desquelles elle ne peut exister, etc. A cet effet, il faudra faire des éducations, avec des graines provenant d'un lieu infecté de muscardine, dans des pays où cette maladie est inconnue ; il faudra faire également des expériences d'infection dans ces mêmes pays, et ces expériences devront être faites sur une assez grande échelle pour que les praticiens en acceptent les résultats comme incontestables.

En attendant, ce que nous conseillerons, c'est de déliter les vers fréquemment et de tenir les ateliers bien aérés, de manière à ce que les vers attaqués de la muscardine n'aient pas le temps de devenir efflorescents ou que, s'ils le deviennent, le cryptogame n'ait pas le temps de mûrir sa graine. Nous conseillerons d'éviter l'humidité, qui, si elle paraît sans influence sur la marche du cryptogame dans le corps du ver vivant, favorise extraordinairement son développement dans le ver mort et, par suite, la contagion.

Nous engageons les éducateurs à éviter de jeter par les fenêtres les bruyères ou la poussière des chambres infectées de muscardine, car il est certain que, dans ce cas, de nombreuses graines du cryptogame, emportées dans l'air, répandent tout à l'entour la contagion.

Enfin nous leur conseillons d'essayer, comme nous ne manquerons pas de le faire nous-mêmes en grand, si nous en avons les moyens, de divers procédés déjà indiqués pour désinfecter les ateliers, car nous sommes convaincus que l'infection des magnaneries se conserve d'année en année par le moyen des sporules disséminées dans toutes les parties du local, et que c'est une des principales causes de la muscardine, si ce n'est pas l'unique (1).

Nous savons que tous ces conseils ont déjà été donnés ; mais, comme nos travaux nous ont amenés à en constater scientifiquement l'importance, nous ne pouvons que les répéter, jusqu'à ce que de nouvelles expériences aient démontré s'il est possible de trouver contre le fléau des moyens plus puissants.

---

(1) S'il était démontré scientifiquement, plus tard, que la muscardine a attaqué des vers à soie dans des contrées où cette maladie ne s'est jamais montrée, qu'elle s'est déclarée par suite de pratiques quelconques autres que l'ensemencement avec des sporules du botrytis, je ne pourrais encore admettre la spontanéité de la maladie, c'est-à-dire la CRÉATION d'un végétal encore si compliqué. Je croirais alors que la muscardine existe sur d'autres insectes, que ses sporules, comme celles d'une foule d'autres mucédinées, sont partout, et qu'elles ont pu tomber sur les vers mis en expérience.   (G. M.)

EXPLICATION DES PLANCHES.

Toutes les figures qui composent nos planches ont été dessinées avec la chambre claire adaptée au microscope universel de M. Charles Chevalier; elles offrent donc la copie exacte et mathématique de la nature dans toute sa naïveté, et non l'expression des idées de l'observateur.

Avant l'introduction de la chambre claire dans les travaux des naturalistes, ils étaient obligés, quand ils ne savaient pas dessiner, de s'en rapporter à des artistes qui ne voyaient pas comme eux, surtout au microscope; les dessins qu'ils faisaient manquaient de cette exactitude qui distingue actuellement les travaux des savants consciencieux. Quand un observateur était assez bon dessinateur pour rendre lui-même ce qu'il voyait, il y avait dans ses figures une roideur, un aspect particulier dus à ce que l'on ne peut, quelque habile qu'on soit, rendre complétement la nature. Ces dessins pouvaient plutôt être considérés comme des plans, que comme la reproduction des objets vus sous le microscope, et l'on conçoit qu'ils devaient toujours être un peu assujettis aux idées préconçues de l'auteur, s'il avait un système arrêté, et que son crayon devait toujours un peu se plier, même à son insu, à ces idées.

La chambre claire est inflexible, elle ne donne que ce qui est réel ; elle peint sur le papier l'objet tel qu'il se présente à l'observateur, sans complaisance, sans aucun égard pour telle ou telle théorie. Si quelque chose doit céder, ce sont les théories qui ne s'accordent pas avec les faits, ce sont les idées de l'auteur.

Au reste, nous avons conservé toutes les pièces représentées dans ces planches ; elles sont collées entre deux verres et peuvent être montrées aux personnes qui voudraient vérifier l'exactitude de nos dessins, ou, mieux, l'exactitude de notre artiste mécanique, de notre chambre claire.

PLANCHE I.

Fig. 1, ver à soie arrivé à la fin du cinquième âge en bonne santé et montant à la bruyère pour faire son cocon.

Fig. 2, ver du quatrième âge venant de mourir de la muscardine, sept jours après avoir été mis en contact avec un muscardin couvert de botrytis en pleine fructification et qui blanchissait les doigts.

Fig. 5, ver du quatrième âge mort de la muscardine depuis quarante ou quarante-deux heures : il a durci, rougi, la partie antérieure de son corps s'est infléchie, ce qui a lieu le plus souvent, et il commence à se couvrir de l'efflorescence qui ressemble, à l'œil nu, à cette fine poussière que l'on voit sur les prunes noires qui n'ont pas encore été touchées. Les filaments du botrytis commencent à se montrer à l'extérieur (muscardine en herbe).

Fig. 4, jeune ver mort de muscardine depuis dix-huit à vingt heures, commençant à durcir et à rougir vers la partie postérieure.

Fig. 5, ver du cinquième âge monté dans la bruyère et mort de muscardine depuis trente-huit à quarante heures ; il est roide, dur et entièrement d'une couleur rose.

Fig. 6 , ver du cinquième âge mort sur la bruyère depuis quatre-vingt-cinq à quatre-vingt-dix heures, et suspendu par une de ses pattes membraneuses postérieures. Aussitôt après sa mort, il est devenu très-mou ; vingt-quatre heures plus tard, il était dur et rosé ; quarante heures après sa mort, il commençait à montrer l'efflorescence blanche ; quatre-vingts heures après sa mort, le *botrytis* qui le couvrait était en pleine fructification, et, dix heures plus tard , ses sporules étaient entièrement mûres, s'en détachaient à la moindre secousse et blanchissaient les doigts comme de la craie.

Fig. 7, ver du cinquième âge auquel on a inoculé un peu de graisse prise sous la peau d'un ver qui venait de mourir de la muscardine ; cette graisse contenait des thallus (tiges souterraines) du botrytis.

Ces tiges ou thallus, comparables, jusqu'à un certain point, aux racines des végétaux plus élevés, introduites sous la peau de ce ver, qui était très-sain, ont produit l'effet d'une bouture mise en terre ; elles ont poussé immédiatement, et il ne leur a fallu que deux jours (il en faut sept quand on introduit des sporules, de la graine de botrytis, sous la peau d'un ver) pour faire périr le ver. Comme la blessure avait aussi contribué à rendre ce ver malade, le cryptogame n'a pris que sur les parties saines ; les parties malades l'ont repoussé, se sont pourries et ont noirci, tandis que les portions dans lesquelles la mucédinée a eu le temps de végéter, avant l'envahissement de la maladie causée par la blessure, sont devenues blanches.

Fig. 8, chrysalide de ver à soie inoculée avec des sporules

de botrytis : elle est morte sept jours après, et le cryptogame a montré ses filaments aux ouvertures stigmatiques et aux articulations, quarante-sept ou quarante-huit heures après la mort.

Fig. 9, portion de peau de cette chrysalide, avec un stigmate très-grossi et envahi par les ramuscules du botrytis; ce stigmate est entouré d'un bourrelet presque corné et plus dur que le reste de la peau : on voit les filets, les petites tiges de la plante s'étendre sur ce bourrelet. En *a*, on voit un petit groupe de tiges du botrytis qui a percé la peau pour s'étendre à sa surface; ce qui montre la force de végétation de cette mucédinée, qui a pu traverser une peau beaucoup plus dure que celle des vers.

PLANCHE II.

Fig. 1, fragment très-grossi de peau repliée sur elle-même et prise sur un ver à soie mort depuis quarante à quarante-deux heures, et commençant à montrer l'efflorescence blanche produite par les petits ramuscules du botrytis; ce fragment a été pris sous le ventre du ver, dans une partie garnie de longs poils. On voit en *a*, *a*, *a* les ramuscules entre-croisés du cryptogame : quelques-uns se sont attachés à deux poils en *b*, *b*, et forment un groupe *c* qui est représenté très-grossi à la *pl.* 5.

Fig. 2, portion, vue sous un plus fort grossissement, de la peau d'un ver mort de muscardine, couvert de ramuscules blancs du botrytis, dont la végétation et la fructification ont été arrêtées par la dessiccation. On voit en *a*, *a*, *a*, *a* quelques portions où des sporules ont commencé à se produire; dans cet état, le ver pourrait communiquer la maladie.

PLANCHE III.

Portion C du fragment de peau représenté *planche 2*, fig. 1, et considérablement grossi, pour mieux montrer la structure extérieure du botrytis quand ses ramuscules commencent à apparaître sur la peau des muscardins.

On voit en *a, a, a, a* les filaments ou ramuscules rampant sur la peau du ver et sur la base des poils; en *b, b, b,* on voit que les ramuscules se sont accrochés aux poils en s'allongeant considérablement pour les atteindre, comme en *b'* : il y a en *b''* un filament qui s'est dirigé vers le filament *b'* et s'y est accroché.

PLANCHE IV.

Fragment de peau d'un ver à soie mort depuis quarante à quarante-deux heures, et commençant à devenir efflorescent; ce fragment a été pris sur le dos du ver, dans un endroit où il n'y a pas de poils. Les ramuscules, ne trouvant pas de points d'appui, de poils, pour s'y accrocher, retombent en anses, *a, b,* et vont se mêler à ceux qui rampent; quelques-uns, moins allongés, restent plus ou moins dressés, *d, e, f* : on en voit un en *g* qui s'est accroché au rameau le plus voisin.

Comme on le voit, dans cette figure et dans celle de la *pl. 3,* ces filaments sont simples et n'offrent pas encore de ramifications; cependant ils en montrent des rudiments en *h, h, h, h, h.*

C'est cet état du botrytis qui ne montre encore aucune trace des sporules, des corps reproducteurs, que l'on peut désigner, en langage peu botanique, il est vrai, sous le nom de *muscardine en herbe;* dans cet état, un muscardin ne peut communiquer de maladie : il n'y a pas de semence.

PLANCHE V.

Ramuscules du botrytis vus au microscope sur des vers morts de la muscardine depuis cinquante-cinq à soixante heures.

Fig. 1, ramuscules observés cinquante-cinq heures après la mort du ver : ils sont remplis de globules qui montent dans leur intérieur et vont aboutir aux ramifications et aux extrémités, d'où ils commencent à sortir. On voit en *a a a a* un de ces globules (sporule ou graine) se montrer; sur d'autres points, *b, b, b, b, b,* il y a déjà deux globules ou sporules de sortis, et les rameaux sont pleins d'autres rudiments de sporules qui poussent ceux qui les précèdent et les forcent à sortir successivement.

Fig. 2, fragment grossi, à peine long de 1 millimètre, du bord d'un jeune ver mort de la muscardine depuis soixante heures et couvert de botrytis, commençant à donner des sporules.

Fig. 3, une très-petite portion de ce fragment soumise à un très-fort grossissement et montrant les rameaux qui commencent à se garnir de sporules, à fructifier. On voit en *a* un rameau isolé qui offre toutes les phases de cette fructification commençant; on voit, surtout en *b*, une ramification qui présente deux sporules qui sont déjà sorties et qui s'est renflée par l'accumulation des autres sporules prêtes à sortir à leur tour ; on voit en *c, c, c* des ramifications qui ont déjà laissé sortir cinq à six sporules et plus : c'est cet état du botrytis que les sériciculteurs qui suivaient nos observations ont appelé la *muscardine en fleur.* Dans cet état, un muscardin peut communiquer la maladie, car il porte déjà un assez grand nombre de corps reproducteurs (sporules) ou de semences.

PLANCHE VI.

Ramuscules du botrytis vus au microscope sur des vers morts de la muscardine depuis soixante-dix à quatre-vingts heures.

Fig. 1, ramuscule observé soixante-dix heures après la mort du ver : il porte déjà une grande quantité de graines ou sporules.

Fig. 2, une petite portion de peau d'un ver mort depuis quatre-vingts heures, modérément grossie et montrant, en *a* et *b*, deux ramuscules complétement couverts de sporules.

Fig. 5, ramuscule *a* très-grossi : il forme une immense grappe entièrement couverte de sporules accumulées sur toutes ses ramifications qu'elles cachent presque partout : c'est la fructification du botrytis arrivée au maximum de son développement et de sa maturité. Dans cet état du végétal muscardinique, le moindre souffle, la moindre agitation fait détacher les sporules ou graines qui s'envolent comme de la farine. Si on touche un ver arrivé à cet état, les doigts restent blancs comme s'ils avaient touché de la craie : on peut appeler cet état de la mucédinée *la muscardine en graine*. Dans cet état, un muscardin communique la maladie avec la plus grande facilité.

Fig. 4, cinq divisions du micromètre (1 millimètre divisé en 100), soumises à un grossissement de 650 fois et couvertes de sporules de muscardine et des sporules des diverses espèces de moisissures des litières, afin de montrer les différences qui existent dans les formes et la grosseur relative de ces diverses sporules ou graines.

a, sporules de la muscardine, *botrytis bassiana* : il faut le diamètre de près de cinq de ces sporules pour occuper un centième de millimètre ; elles ont un cinq-centième de millimètre de diamètre.

b, sporules d'une espèce appartenant au genre *cephalothecium* de Corda, qui couvre les litières humides de plaques blanches et forment, comme celles de la muscardine, une poussière blanche ; elles sont oblongues, cristallines, larges d'un centième et longues d'un centième et demi de millimètre.

c, sporules blanches d'une espèce qui semble appartenir au genre *penicillium* de Corda, produisant les mêmes taches blanches sur les feuilles des litières humides, de forme sphérique et ayant trois quarts de centième de millimètre de diamètre.

d, sporules du *botrytis lateritia* de Fries, représenté dans Corda. Ces sporules sont granuleuses, sphériques et couleur de rouille ; elles produisent des taches ferrugineuses sur les feuilles des litières ; elles ont un centième de millimètre de diamètre.

e, sporules en chapelets et verdâtres du *penicillium glaucum* des auteurs, comparées à celles de l'espèce de *penicillium* des litières *c*, pour montrer qu'il y a là une autre espèce. Nous avons observé ce cryptogame sur des feuilles d'olivier enfermées dans un bocal avec des cantharides ; il a été signalé comme se développant aussi sur les litières de vers à soie.

PLANCHE VII.

Grande sauterelle , *saga serrata*, Charpentier, tuée par la muscardine.

Fig. 1 , *saga serrata* de grandeur naturelle , morte,

roidie et montrant des groupes du botrytis sous son ventre,
sur ses pattes et ses antennes.

Fig. 2, ramuscules du botrytis pris sur le côté du corps,
commençant à montrer dans leur intérieur les rudiments
des sporules. On voit, à l'extrémité de quelques ramifications
inférieures, une sporule qui s'y montre en *a a*; mais il n'y a
ni globules internes, ni sporules vers le sommet de ces ramuscules; ils sont dans un état que nous n'avions pas encore
eu l'occasion d'observer : le travail de la fructification débute
à peine.

On voit en *b, b* deux petites ramifications qui commencent
à se gonfler par l'accumulation des sporules.

Fig. 5, autre ramuscule beaucoup plus avancé, offrant
déjà plusieurs groupes de sporules; ils ont été pris sous le
ventre de la sauterelle.

Fig. 4, ramuscules couverts de sporules mûres, formant
des grappes et blanchissant les doigts; ils ont été pris sous
la poitrine de l'insecte, dans des anfractuosités abritées :
leur végétation a été plus rapide.

Des vers à soie frottés avec le ventre de cette sauterelle
garni de botrytis en pleine fructification ont pris la muscardine et ont pu la donner à d'autres.

On peut voir que les végétations prises sur cette sauterelle sont identiques avec celles qui sont représentées *pl.* 2,
5, 4, 5 et 6; c'est bien le *botrytis bassiana*.

PLANCHE VIII.

Diverses moisissures des litières humides, formant plusieurs espèces de mucédinées très-différentes entre elles, et
surtout très-différentes de la muscardine.

Fig. 1 , petit fragment de feuille de mûrier d'une litière, couvert d'une moisissure blanche, et de grandeur naturelle, très-commune dans les litières, à Sainte-Tulle, dans les tas d'herbes laissés dans les jardins, et appartenant au genre *cephalothecium* de Corda.

Fig. 2 , le même modérément grossi et montrant des ta-ches blanches produites par les fructifications du cryp-togame.

Fig. 3, fructification très-grossie de ce *cephalothecium*. composée d'un amas de grosses sporules ovalaires, blanches, d'un aspect cristallin, et portées sur de courtes tiges ou hampes non ramifiées.

Fig. 4, quelques-unes de ces sporules extrêmement gros-sies et collées à un filament ou ramuscule de la mucédinée.
Quand on touche ces amas de sporules , ils blanchissent les doigts; ces sporules s'envolent en poussière blanche quand on agite les litières.

Fig. 5, fragment de feuille de mûrier d'une litière un peu grossi , couvert d'une mucédinée qui appartient au genre *penicillium* ou à une division qui en est voisine.

Fig. 6, le même fragment beaucoup plus grossi et mon-trant le cryptogame en pleine fructification, ce qui couvre ces feuilles d'une moisissure blanche.

Fig. 7, un groupe de sporules de cette espèce, porté sur une longue hampe; ces sporules sont rangées en chapelets qui partent, en divergeant, d'un centre commun en se diri-geant en tous sens et formant une tête ronde.

Fig. 8, quelques fragments de chapelets de sporules de cette espèce.

Fig. 9, les mêmes sporules plus fortement grossies.

Fig. 10, autre état, ou peut-être autre espèce du même genre, trouvée sur les litières et offrant des sporules un peu plus fortes.

Fig. 11, ses sporules très-grossies.

Fig. 12, autre espèce de *penicillium* (peut-être le *P. glaucum*) à sporules verdâtres, trouvée sur des feuilles d'olivier conservées dans un bocal avec des cantharides.

Fig. 13, autre état du même, un peu plus grossi et montrant ses longs chapelets de sporules partant aussi d'un même point et se dirigeant tous dans le même sens. Arrivé à maturité, le cryptogame épanouit ces chapelets, comme on le voit fig. 12, et les sporules se dispersent.

Fig. 14, portion d'un chapelet de sporules extrêmement grossie.

Fig. 15, autre espèce de moisissure des litières, se présentant sous forme de plaques couleur de rouille, et appartenant au *botrytis lateritia* de Fries; ramuscules en pleine fructification et assez fortement grossis.

Fig. 16, les mêmes beaucoup plus grossis.

Fig. 17, deux sporules extrêmement grossies. On voit que ces sporules sont granuleuses et qu'elles doivent être remplies des globules que l'on discerne à travers les parois de leurs supports.

Ces sporules seules sont colorées en rouge ferrugineux; les ramuscules, rampants et dressés, sont blancs.

Toutes les sporules de ces diverses espèces ont été essayées diverses fois sur des vers à soie sans leur faire le moindre mal; des vers ont été frottés avec ces poussières, composées de nombreuses sporules de ces diverses mucédinées, sans contracter aucune maladie : ces cryptogames appartiennent à une catégorie de mucédinées destinées à hâter la destruction de végétaux morts et en voie de décomposition; ils ne peuvent vivre sur des végétaux et des animaux vivants.

PIÈCES A L'APPUI.

Première lettre de M. Cunin-Gridaine, *ministre de l'agriculture et du commerce, à M.* Guérin-Méneville.

Monsieur,

J'ai l'honneur de vous annoncer que, sur une demande qui m'a été présentée par un certain nombre de députés des départements méridionaux, et prenant en considération les motifs exposés dans leur mémoire, je vous ai chargé d'aller dans les départements du sud-est de la France étudier les insectes destructeurs des oliviers (1), ainsi que la muscardine et les autres maladies qui attaquent les vers à soie et les mûriers dans les mêmes localités.

Agréez, etc.

Signé Cunin-Gridaine.

Paris, le 19 mars 1847.

---

(1) Pendant son séjour à Sainte-Tulle, M. Guérin-Méneville, entièrement absorbé par ses expériences sur la muscardine et par l'éducation des vers à soie, n'a pu recueillir que des observations détachées sur les mœurs des insectes qui nuisent aux oliviers. Après avoir quitté Sainte-Tulle, il a visité les environs de Draguignan, Grasse, Antibes, Nice, Toulon et Marseille, et il a pu encore, à cette époque déjà avancée de la saison, recueillir des observations et faire des dessins très-utiles à l'avancement de cette question de l'olivier, non moins importante pour le midi de la France et qui exigera, comme celle de la muscardine, des études prolongées.

(*Note de la rédaction.*)

Deuxième lettre de M. le ministre de l'agriculture et du commerce à M. GUÉRIN-MÉNEVILLE.

Monsieur,

J'ai reçu le rapport que vous m'avez fait l'honneur de m'adresser sur l'accomplissement de la mission dont je vous avais chargé le 19 mars dernier, à l'effet d'aller, dans les départements du sud-est, étudier les insectes de l'olivier, ainsi que la muscardine et les autres maladies qui attaquent les vers à soie ou les mûriers.

Je vous remercie de l'envoi de ce document, dont j'ai pris connaissance avec un véritable intérêt. Les faits et les observations qui y sont consignés ne peuvent manquer d'offrir une utilité réelle pour l'avancement des questions soumises à vos recherches.

Je dois aussi des éloges aux dessins qui accompagnent votre rapport. Ces dessins, exécutés avec un soin remarquable, font connaître, de la manière la plus détaillée, les objets de vos patientes investigations, et notamment les diverses phases du développement de la muscardine.

Je vous prie, monsieur, de recevoir ici l'expression de ma satisfaction particulière. Je considère ces résultats de vos observations comme propres à éclairer cette partie importante de la science entomologique appliquée à l'agriculture, et j'espère que vous voudrez bien continuer de prêter à l'administration votre concours éclairé dont j'attends de très-bons effets.

Recevez, etc.

Signé CUNIN-GRIDAINE.

Paris, le 27 octobre 1847.

Lettre de M. le vicomte HÉRICART DE THURY, président de la Société séricicole, à M. le ministre de l'agriculture et du commerce.

Monsieur le ministre,

M. Guérin-Méneville a eu l'honneur d'être reçu par vous en audience et de vous rendre compte de la mission que vous avez bien voulu lui confier pour étudier la muscardine. Les dessins que M. Guérin-Méneville a eu l'honneur de vous soumettre à l'appui de son travail ont paru exciter vivement votre attention.

Ces documents sont, en effet, du plus haut intérêt pour l'industrie de la soie : d'un côté, ils confirment tout ce qui avait été précédemment publié par MM. Bassi et Victor Audouin sur la nature de la muscardine; d'un autre côté, ils mettent sur la voie des moyens à employer pour arrêter le fléau ou s'en préserver.

Dans ces circonstances, monsieur le ministre, vous jugerez peut-être convenable de donner aux études commencées par M. Guérin-Méneville toute la publicité possible; s'il en était ainsi, la Société séricicole s'empresserait de vous offrir, à cet égard, ses services, et son comité de rédaction s'occuperait immédiatement du travail de M. Guérin-Méneville et de la gravure des dessins, et mettrait à la disposition de votre ministère le nombre des exemplaires que vous jugeriez convenable de prendre.

Veuillez agréer, etc.

Signé vicomte HÉRICART DE THURY.

Paris, 16 octobre 1847.

Réponse de M. le ministre de l'agriculture et du commerce à M. le président de la Société séricicole.

Monsieur le président,

Par la lettre que vous m'avez fait l'honneur de m'écrire le 16 de ce mois, vous m'informez que, dans le cas où je croirais utile de donner de la publicité au rapport qui m'a été remis par M. Guérin-Méneville et qui contient le compte rendu de la mission dont je l'avais chargé au printemps dernier, la Société séricicole pourrait s'occuper des soins à prendre pour cette publication.

J'ai l'honneur de vous annoncer, monsieur le vicomte, que j'accepte cette proposition et que je saisis avec plaisir l'occasion de répandre le travail intéressant de M. Guérin-Méneville; j'autorise, en conséquence, la Société à faire imprimer le rapport dont il s'agit, et vous prie de l'informer que j'en prendrai 500 exemplaires.

Recevez, etc.

Signé CUNIN-GRIDAINE.

(63)

Extrait des Annales provençales d'agriculture *et du*
Moniteur universel *du 14 décembre* 1847 (1).

Une mission donnée à M. Guérin-Méneville, par la Société
royale et centrale d'agriculture, en 1846, dans le but de
faire étudier sur les lieux mêmes les ravages faits aux fruits
de l'olivier par la larve d'une mouche (le *dacus oleœ*), ayant
produit d'heureux résultats, le ministre de l'agriculture s'est
empressé, pour qu'il fût permis à ce savant entomologiste
d'étudier les mœurs de cet insecte dans une autre saison
et de compléter ainsi ses premiers travaux, de lui confier, en
1847, une nouvelle mission. M. Guérin-Méneville a aussi été
autorisé, en se rendant en Provence, à y rester tout le temps
nécessaire pour s'occuper, conjointement avec M. Eugène
Robert, qui avait offert son bel établissement de Sainte-
Tulle, de la maladie des vers à soie, connue sous le nom de
muscardine, qui décime, tous les ans, d'une manière si dé-
plorable, nos plus belles magnaneries.

Pendant trois mois entiers, MM. Guérin-Méneville et Eugène Robert se sont livrés à une longue série d'observations
du plus haut intérêt; c'est la première fois peut-être qu'on
a vu la haute science et la pratique éclairée s'associer d'une
manière aussi franche, aussi intime, et travailler ensemble,
dans le même atelier converti en laboratoire, à la recherche
de la vérité. Avec la puissance de moyens d'investigation

---

(1) Cet article est de M. Plauche, directeur des *Annales provençales* et
connu depuis longtemps dans le monde agricole par d'excellents travaux
et surtout par une pratique remarquable. Nous avons pensé que cette ap-
préciation consciencieuse de la mission de M. Guérin-Méneville était tout
à fait ici à sa place. Personne n'est plus à même que M. Plauche de juger
cette mission au point de vue des intérêts généraux de l'agriculture et des
départements méridionaux, si intéressés dans les questions séricicoles.

(*Note de la rédaction.*)

qui résultait de cette association d'un nouveau genre, ces messieurs ont repris en sous-œuvre les belles expériences du docteur Bassi, qui, le premier, a attribué la *muscardine* à la présence d'un cryptogame qui naît, s'implante et vit sur le ver à soie en lui donnant la mort. Il était impossible, dans une première campagne, de résoudre toutes les questions que présente l'étude de la muscardine; mais des faits curieux et intéressants ont été recueillis, et quelques-uns sont de nature à modifier les idées généralemeut reçues sur cette maladie, et contribueront à éclairer la voie qui doit conduire à la découverte d'un moyen pour prévenir le mal et pour l'arrêter dans ses progrès lorsqu'il sera déclaré dans un atelier; car, avec des êtres aussi délicats, aussi petits et aussi nombreux que le ver à soie, il est impossible de songer à créer une thérapeutique.

Parmi les faits nouveaux qui ont été constatés à Sainte-Tulle, trois nous paraissent devoir fixer l'attention des personnes qui s'occupent de la muscardine.

1° Des inoculations de toute espèce ont été faites sur des vers malades et sur des vers bien portants, et la muscardine n'a jamais pu prendre que sur des vers sains; en sorte que les autres maladies auxquelles cet insecte est sujet, et qu'on croyait, en général, être une prédisposition à la muscardine, semblent en être, au contraire, un préservatif. Un fait semblable a, d'ailleurs, été remarqué dans les épidémies et dans les invasions des maladies contagieuses qui affligent de temps à autre l'humanité. Les personnes atteintes d'affections chroniques échappent ordinairement à ces fléaux; c'est ainsi que dans les observations bien faites on retrouve toujours cette uniformité admirable de la marche de la nature à l'égard de tous les êtres, depuis le plus grand jusqu'au plus petit, signe le plus certain qu'on a mis la main sur la vérité.

MM. Guérin-Méneville et Eugène Robert ont suivi la végétation du champignon sur des vers à soie bien portants, auxquels ils avaient donné eux-mêmes la muscardine, en les saupoudrant de la semence du champignon , qui se répand dans un atelier muscardiné sous forme d'une poussière blanche extrêmement fine. Le puissant microscope qui avait été mis à la disposition de ces messieurs par le ministre leur a permis de suivre toutes les phases de cette végétation cutanée et de fixer avec la plus grande précision le nombre d'heures qui s'écoulent entre chacune d'elles. La germination de la graine et la sortie de la plante , sa croissance, le développement de ses ramifications, enfin sa floraison et sa fructification, tout a été exploré avec beaucoup de soin, et le temps pendant lequel s'effectue chacune de ces périodes exactement déterminé.

2° Un fait qui prouve d'une manière incontestable que ce sont bien les graines ou sporules du botrytis qui propagent la muscardine dans un atelier infecté, c'est qu'un ver muscardiné mort, et réduit à cet état de concrétion blanche qui le caractérise, peut être impunément mêlé avec des vers bien portants, pourvu qu'en le touchant il ne laisse pas contre les doigts une poussière blanche ; attendu que l'examen de ces vers au microscope a fait connaître que le champignon dont ils sont recouverts n'a point terminé sa végétation et n'est pas encore arrivé à sa période de floraison , tandis que tous les vers muscardinés qui laissent échapper cette poussière en les remuant inoculent immédiatement la maladie aux autres vers, et, vus au microscope, ces vers sont recouverts de champignons ayant atteint la dernière période de la végétation, qui est celle de la maturité de la graine.

3° Un troisième fait très-curieux, relatif à la force végétative du botrytis qui engendre la muscardine, a été remarqué ; cette force est si puissante, que d'autres insectes que les vers à soie, appartenant à divers ordres, ont été atteints et sont morts de la muscardine , à la suite de l'inoculation qui leur en a été faite, par M. Guérin-Méneville, avec la semence du champignon pris sur des vers à soie morts de cette maladie.

Les expériences faites à Sainte-Tulle ont eu un grand retentissement; elles ont attiré l'attention des éducateurs de vers à soie, qui sont nombreux dans les environs de Manosque. Des hommes éclairés, de simples agriculteurs ont été admis, tour à tour, dans l'intéressant laboratoire de MM. Eugène Robert et Guérin-Méneville : les uns et les autres ont pu se convaincre de l'existence réelle de cette plante invisible à l'œil nu, et que la plupart d'entre eux considéraient comme imaginaire ; ils en ont reconnu les racines, compté les rameaux, admiré la fleur et mesuré la grosseur de la graine si ténue, que cinq d'entre elles remplissent à peine un centième de millimètre !... La découverte de ce monde nouveau des infiniment petits a produit un effet électrique sur ces imaginations provençales, et les travaux de l'atelier de Sainte-Tulle ont bientôt été connus de toute la contrée ; ils ont fixé l'attention des conseils généraux des Basses-Alpes, du Var, des Bouches-du-Rhône et de Vaucluse, qui ont émis le vœu que ces travaux soient continués, afin que les deux hommes distingués qui les ont si bien commencés puissent donner à leurs recherches toute l'étendue qu'exige la solution de la question importante qu'ils ont mission de résoudre.

De pareils travaux ne sauraient recevoir trop d'encouragement : leur importance ne consiste pas seulement dans les découvertes qu'ils amènent, ils ont encore des effets moraux dont la portée est immense ; ils popularisent la science, contribuent à la faire descendre sur le terrain de l'application et tendent à établir entre le savant et le praticien cette union que nous appelons depuis si longtemps de tous nos vœux et qui seule peut, en imprimant aux progrès de notre agriculture une direction bien entendue, lui donner une impulsion jusqu'à ce jour inconnue.

PARIS. — IMPRIMERIE DE MADAME VEUVE BOUCHARD-HUZARD, rue de l'Éperon, n° 7.

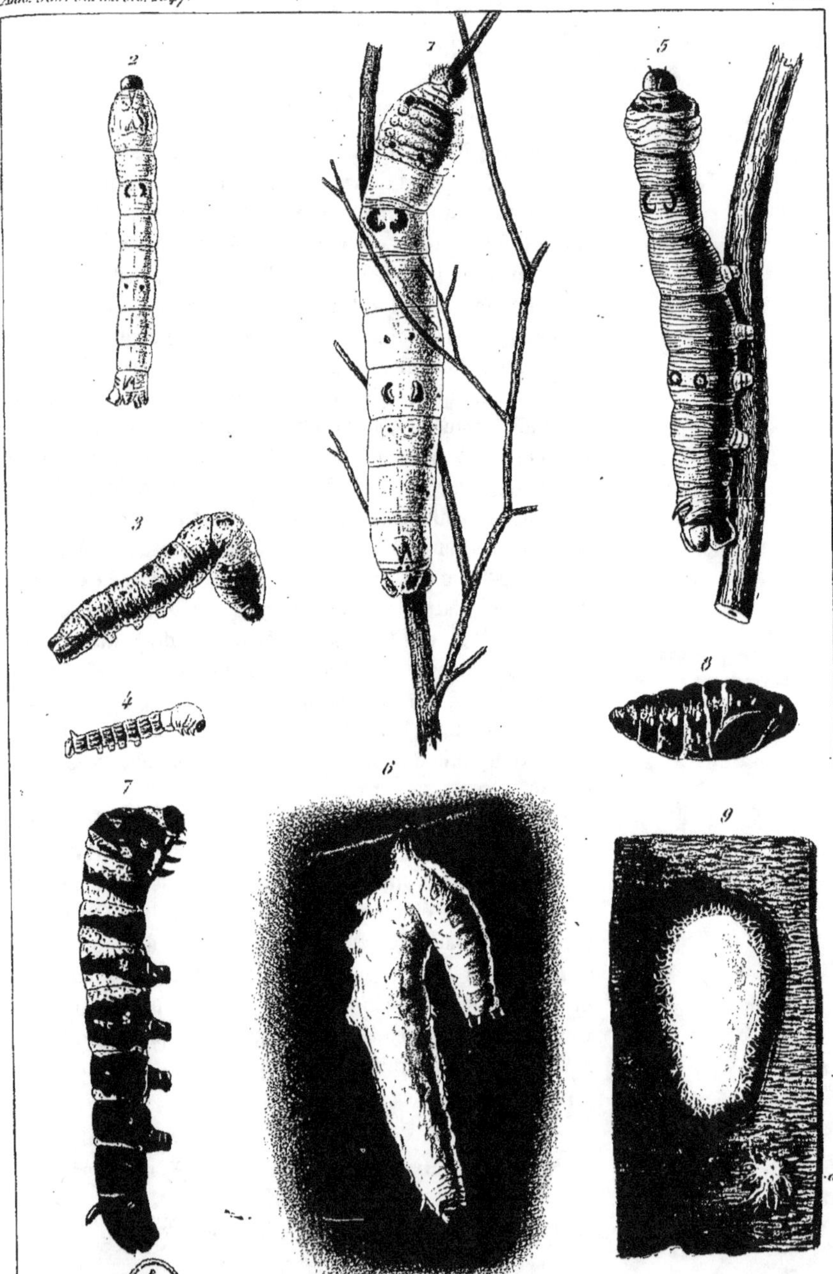

Muscardine.

Lebrun sc. N. Rémond imp.

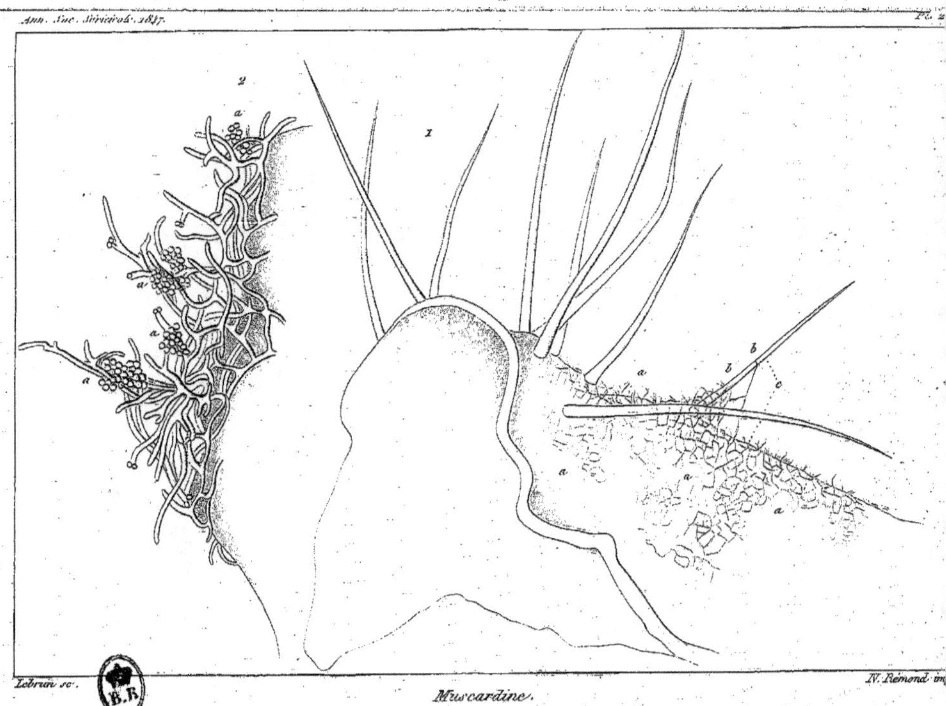

Ann. Soc. Sériciole. 1847.
Pl. 2
2
1
a
a
a
b
b
c
a
a
a
Lebrun sc.
N. Remond im.
Muscardine.

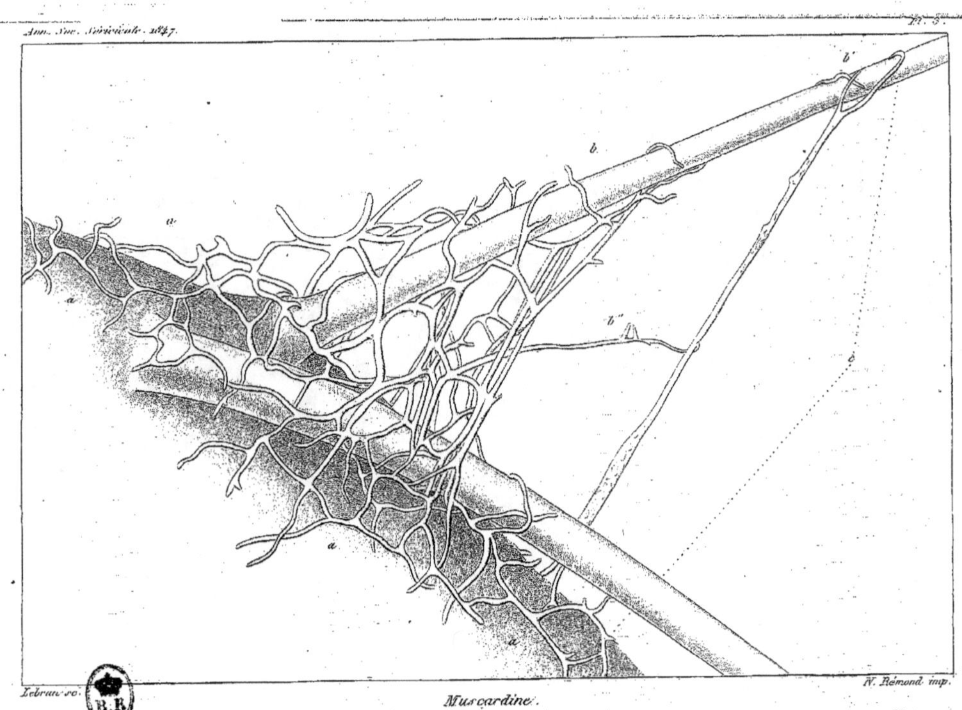
a
a
a
a
b
b'
b"
b
Lebrun sc.
N. Rémond imp.
Muscardine.

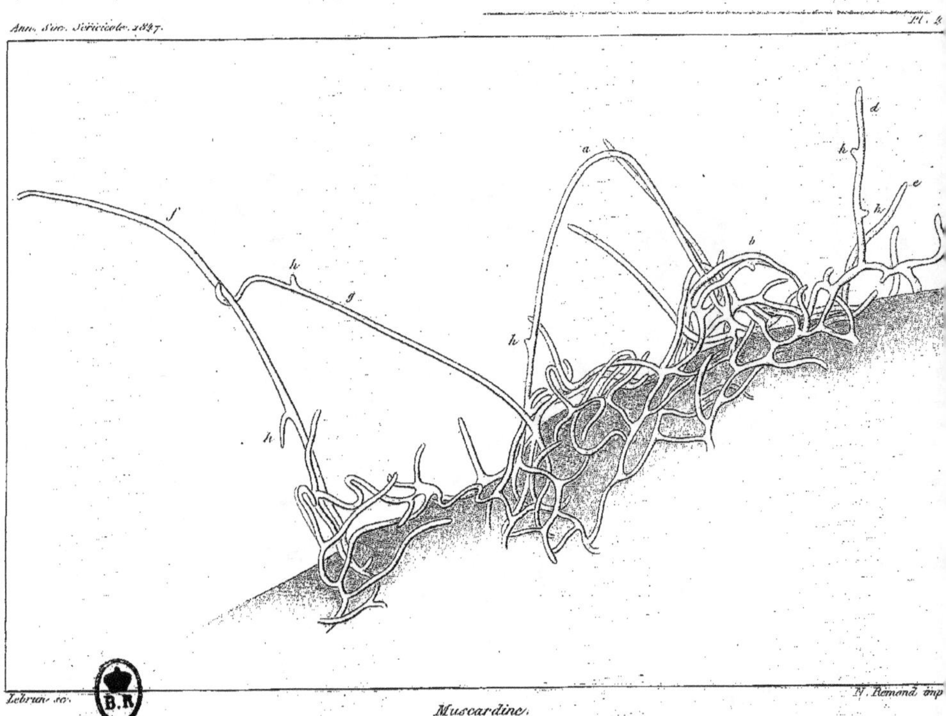

Lebrun sc.
N. Rémond imp.
Muscardine.

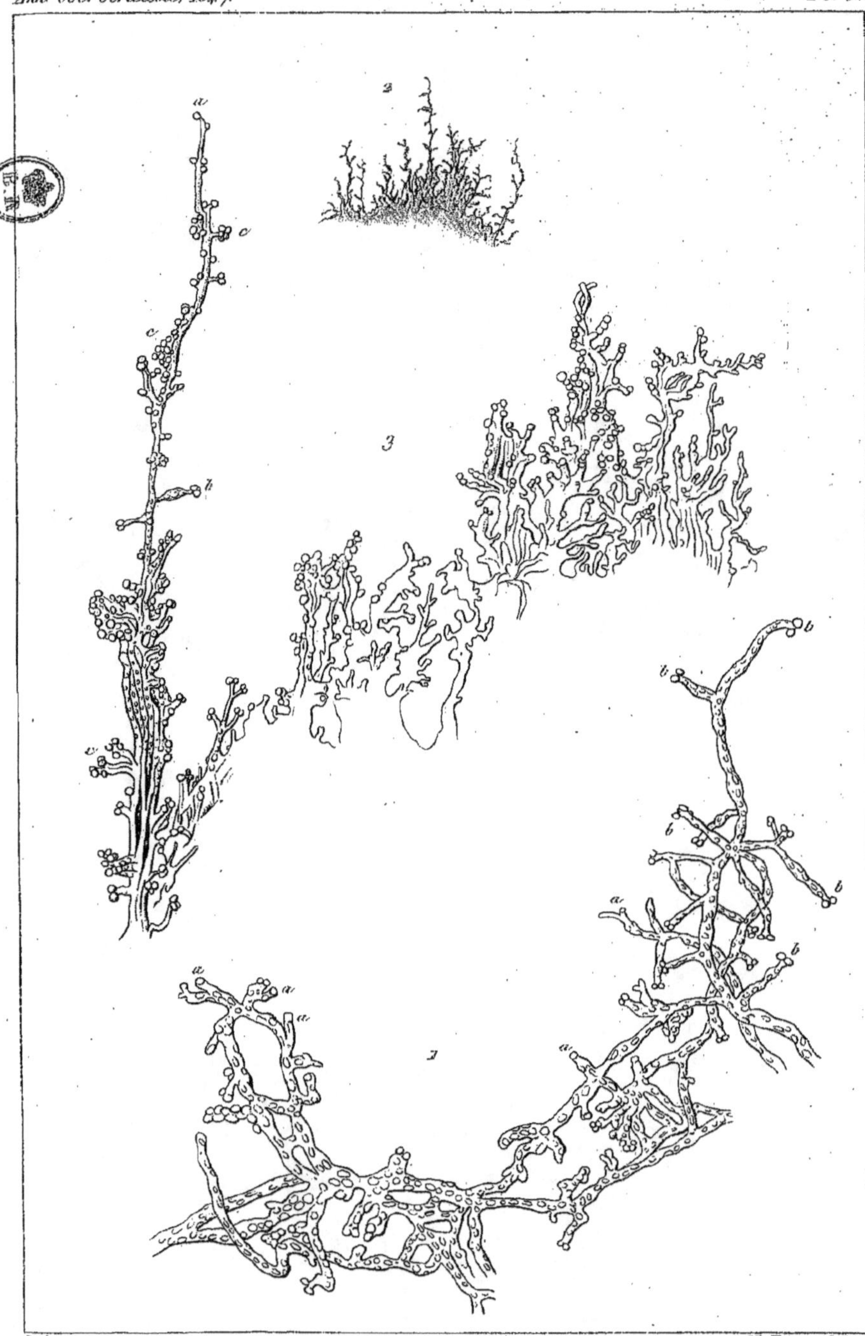

Muscardine.

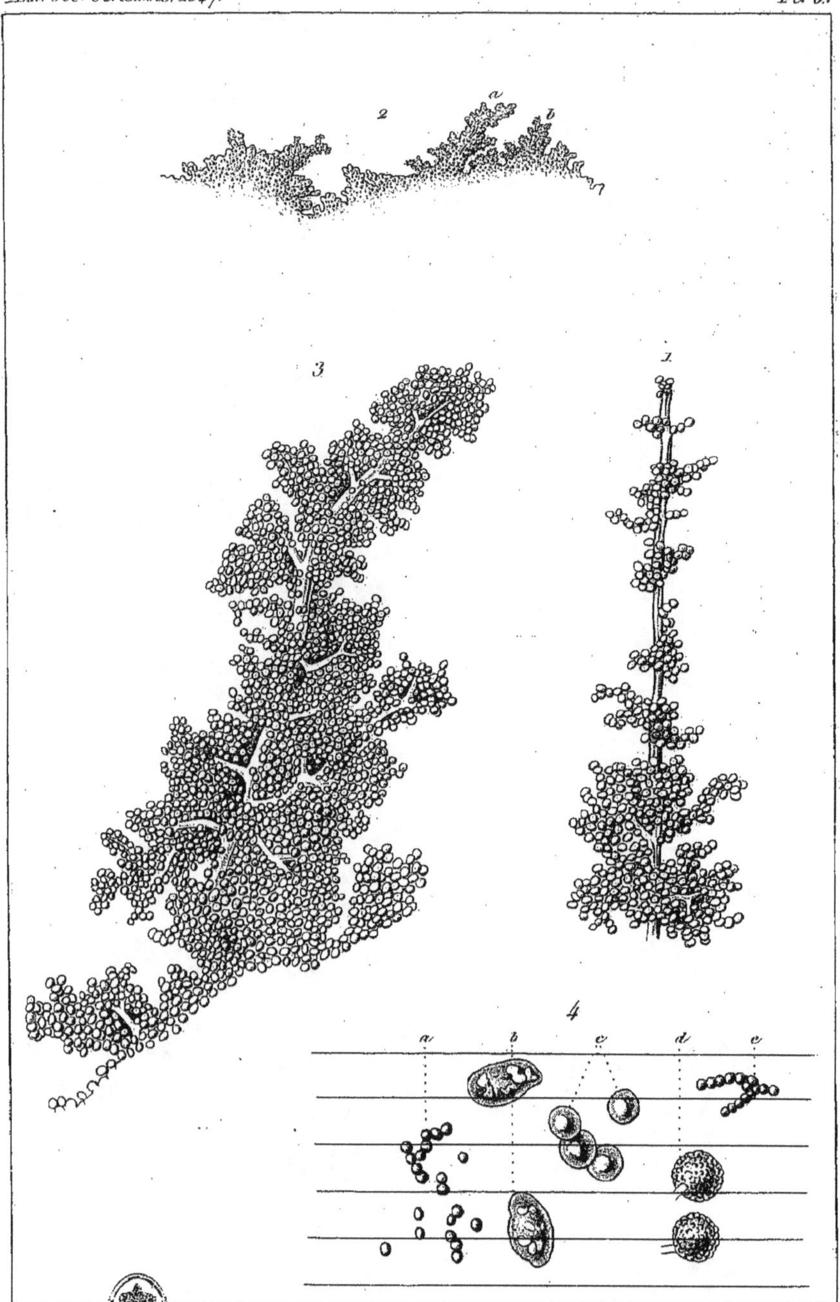

Lebrun sc.   N. Rémond imp.

Muscardine.

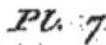

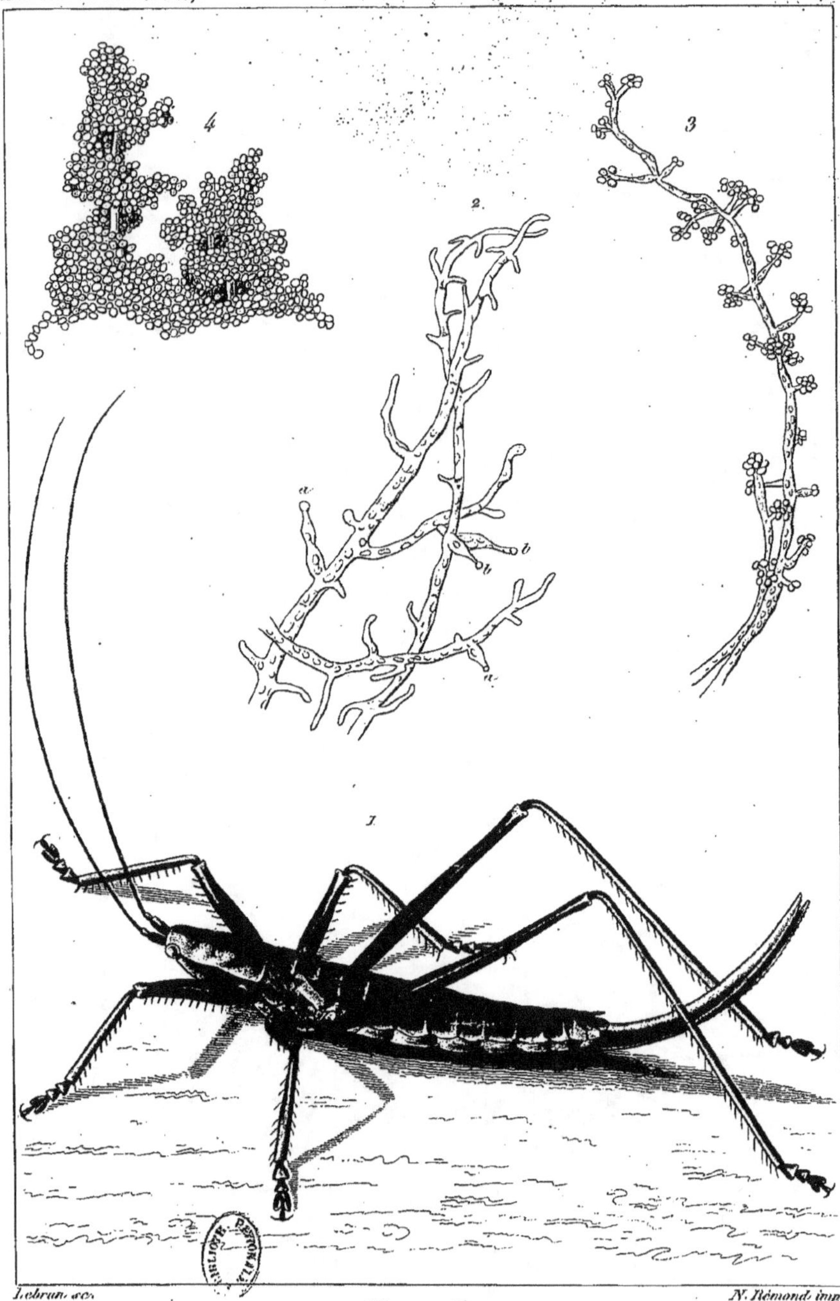

Lebrun sc.

N. Rémond imp.

Muscardine.

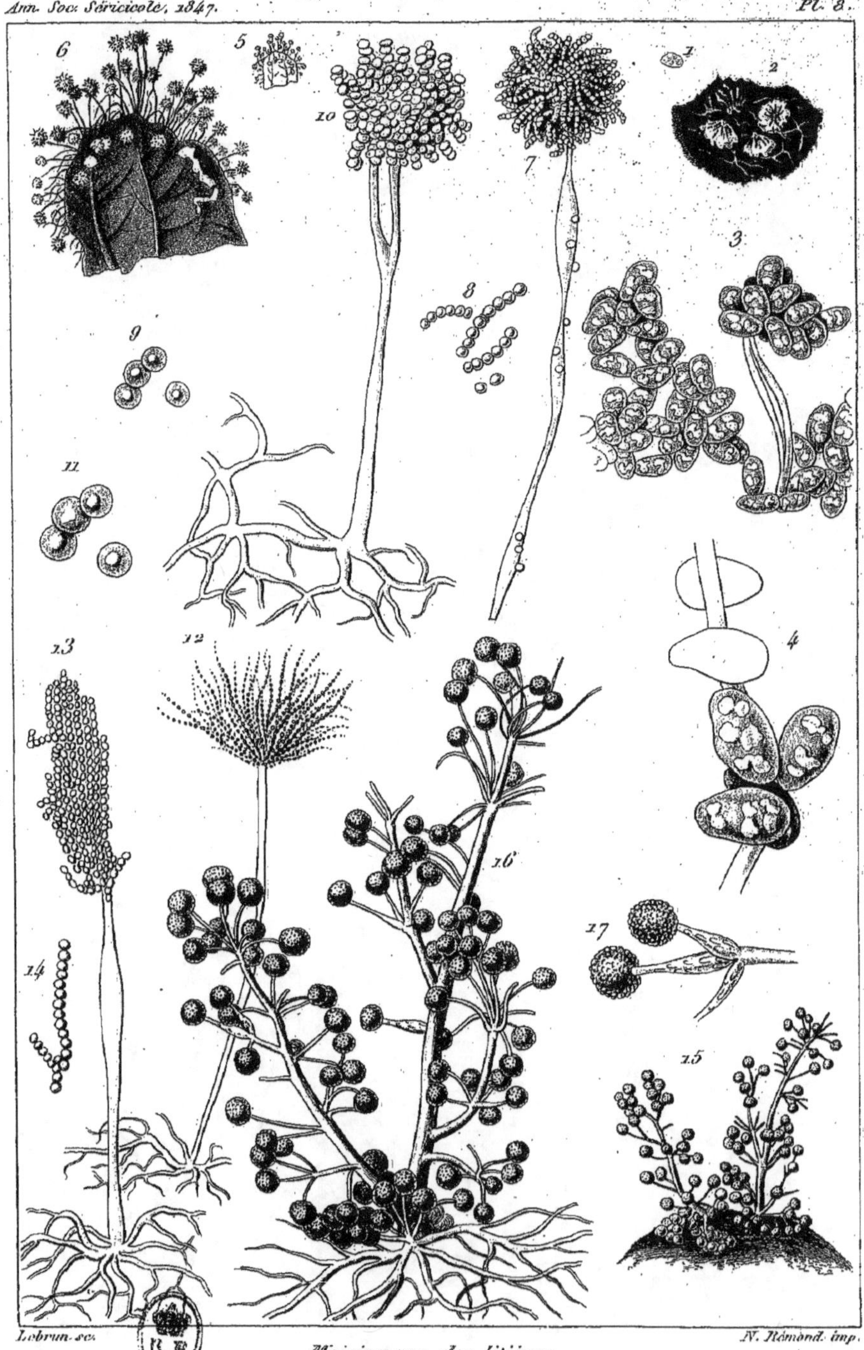

Lebrun sc.

N. Rémond imp.

Moisissures des litières.